中国

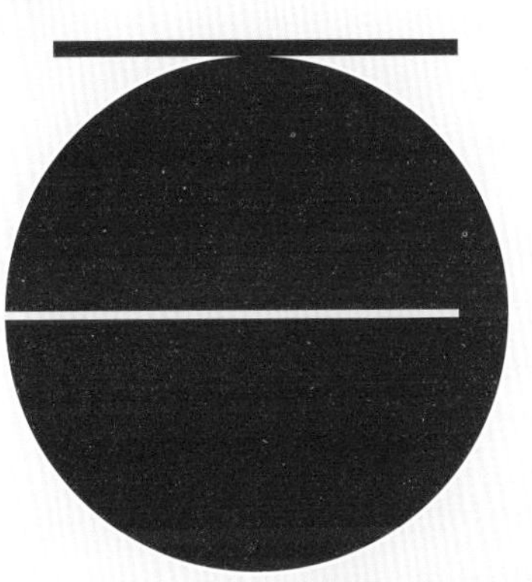

主编 陈长芳

ZHONGGUO
BAIFAN

北京·旅游教育出版社

策　　划：刘建伟
责任编辑：李荣强

图书在版编目（C I P）数据

中国百饭 / 陈长芳主编. -- 北京 ：旅游教育出版社，2020.1
ISBN 978-7-5637-4053-6

Ⅰ. ①中… Ⅱ. ①陈… Ⅲ. ①米制食品—食谱 Ⅳ. ①TS972. 131

中国版本图书馆CIP数据核字(2019)第294380号

中国百饭
陈长芳 主编

出版单位	旅游教育出版社
地　　址	北京市朝阳区定福庄南里 1 号
邮　　编	100024
发行电话	(010) 65778403　65728372　65767462 (传真)
本社网址	www.tepcb.com
E-mail	tepfx@163.com
排版单位	济南玉盏文化传播有限公司
印刷单位	济南纸老虎彩色印艺有限公司
经销单位	新华书店
开　　本	889毫米×1194毫米　1/16
印　　张	7
字　　数	80千字
版　　次	2020年1月第1版
印　　次	2020年1月第1次印刷
购书咨询	0531-87065151
定　　价	68.00元

（图书如有装订差错请与0531-87065151联系）

“一畦春韭绿，十里稻花香”“稻花香里说丰年”，一碗满含稻香的白米饭，是国人幸福感的组成部分。

人们对大米爱得深沉，所以在其身上倾注的心思也格外厚重。米在中国人的手里，变出了越来越多的花样，且不说用大米制作的米线、米粉、米皮，单说以米饭为食材进行的深度创作，就不胜枚举。

米饭进阶版，首推炒饭。蒸熟的大米晾至粒粒分明，搭配各色酱料、辅料，大火炒出香气，原本的洁白温润被镀上了多重色彩和美味。白米饭性格包容，无论是搭配高档鲍汁、鹅肝、鱼子，还是家常的萝卜干、酸豆角、橄榄菜，都各有风味，诱人食欲。

米饭进阶版，还有泡饭。蒸熟的米饭，冲入浓醇的顶汤，配上虾仁、鱿鱼、蓝贻贝……撒上提前炸至金黄的脆米，一盅内让人吃出软、糯、滑、嫩、酥等多重口感，品出米香、鲜香、浓香等几番滋味。

除此之外，更有创意迭出的花样饭。这款安康农家土灶饭，是先将蒸熟的大米炕成锅巴，倒扣于铁板中，再盖上酸豇豆肉末、炒青笋丝、小炒羊肉三样小菜，一饭之内，获得多种满足；这道海胆三文鱼子饭，是先将寿司米饭团成球，装入玻璃杯，然后放上生海胆、三文鱼子，米粒软弹适口，鱼子有爆裂感，加上海胆的鲜美，一饭之内，获得多重享受……

除以大米饭为底版，大厨们还次第将目光瞄准了小米、黄米、糯米等。这款黄金小米烙便是将黄米蒸熟，拌以腊肉腊肠丁，包入鸡蛋圆薄饼，入锅煎至外酥里糯，玩出了花样，丰富了口感，提高了毛利……

这本《中国百饭》汇集了中餐厨师以各类米饭为原料创制的精彩作品，共计91款。为了便于阅读，我们将其分为炒饭、泡饭、捞饭&拌饭、煲仔饭、炖饭、花样饭共六个章节。所有出品图片清晰精美，格式简洁易读，制作流程详细，技术点拨凝练，可以满足餐厅经营者、一线大厨以及美食发烧友、家庭主妇等不同读者的需求。

一本《中国百饭》，教你把主食做出近百种花样，为生活增添百般美味。

金无足赤，本书在编写过程中难免出现疏漏，敬请广大读者批评指正！

主编

2019年10月

本书撰文：钱蕾蕾 辛燕 李金曼 李佳佳

美术编辑：仲臣

目录 MULU

ZHONGGUOBAIFAN

第四章
煲仔饭

第五章
炖饭

煲仔饭 炖饭 花样饭

MULU

（按菜名首字字母顺序排列）

第六章
花样饭

ZHONGGUOBAIFAN

开篇 那些与大米有关的冷知识

稻米分几种?

稻米主要分两种，籼（xiān）米和粳（jīng）米。在我国，北方种植的多为粳米，南方则多是籼米。从外形上看，粳米短又圆，籼米细而长。从口感上看，粳米生长周期长，多为一年一季，口感软糯弹牙，油质丰富，米香扑鼻。籼米生长周期短，煮熟后颗粒分明，吃起来偏干爽，适合做煲仔饭、炒饭、泡饭。

大米口感的软硬与什么有关呢？原来，稻米含有两种淀粉——直链淀粉和支链淀粉，这两者的比例决定了米饭是偏软还是偏硬。支链淀粉分子结构稳定性差，经加热后变得混乱，于是米饭呈现软糯的口感。直链淀粉分子结构稳固，加热后能恢复有序的结构，于是米饭便呈现出适当的硬度，不容易粘连。籼米的直链淀粉含量高于粳米，因此带有硬度，用来做煲仔饭或炒饭时，不容易黏软成团，能保持粒粒分明。糯米几乎不含直链淀粉，所以熟后口感异常黏糯。

大米的香甜气息又与什么相关呢？答案是光照和温差。充足的日照时间让米粒积累足够的糖分，而昼夜温差大则可以提高大米内香味物质的含量，使其带有芳香或清香。

粳米

籼米

常用好米介绍

东北五常大米

黑龙江五常市的特产，系中国国家地理标志产品。五常大米包括多个品种，比如长粒香、珍珠米、稻花香等，其中稻花香品质最佳。五常水稻产区昼夜温差大，因此所产大米颗粒饱满，质地坚硬，清白透明，饭粒油亮，芳香回甜。

延边大米

出产于吉林省延边地区，这里土地肥沃，水源充沛，森林覆盖率高达80%以上，是理想的水稻种植地，当地出产的大米形状饱满，色泽洁白，蒸出的米饭莹润可口、软硬适中，且营养丰富，品质与五常大米不相上下。

日本秋田小町米

产自日本秋田县，那里四季分明，水质极佳，是著名的稻米产区。秋田大米莹润清亮，软滑弹牙，清香回甜。目前我国吉林稻米产区也引进了这一品种。除了秋田小町米，日本的"越光米"知名度也极高，这种米颗粒圆润，色泽洁白，做成的米饭莹润滑口，富有弹性。

泸沽湖高原红米

又称红软米，表面色泽微红，制熟后米香浓郁，与普通大米相比，口感略粗糙。泸沽湖红米的产地主要分布于我国西南高原地区，每年只熟一季，每亩仅产150千克，是一种珍贵且营养丰富的粗粮。

泸沽湖高原红米

丝苗米

丝苗米属于籼米，素有“中国米中之王”的称号，产于广州增城区，与增城挂绿荔枝齐名，其米粒细长，洁白晶莹，米泛丝光，油质丰富，清香味浓。丝苗米直链淀粉含量高，吸水性强，久煮不烂，口感不似粳米那样松软，反而干爽有嚼劲，因此最适合制作煲仔饭，靠近锅底的丝苗米会结成一层锅巴，香脆焦酥，是粳米煲不出的口感。

美国野米

野米是中国进口美洲菰米的翻译叫法，它是禾本科菰的种子，外壳未经打磨，呈灰黑色，富含多种微量元素、膳食纤维，是一种保健食材。野米吃起来很有嚼头，掺入米饭中会使口感更富层次。

血糯米

血糯米又称黑糯米、紫糯米，是带有紫红色种皮的大米，米质有糯性，所以称为血糯。

泰国香米

泰国香米是原产于泰国的长粒大米，又名泰国茉莉香米，“茉莉”不是形容其香味，而是指其颜色像茉莉花一样洁白。泰国香米外形细长，米粒一般长于7mm，呈半透明状，其口感香软，吃起来带有露兜树叶的独特芳香。

蒸熟的野米

米饭的蒸制

制作炒饭、泡饭的第一步都是蒸饭。用来炒饭、泡饭等二次烹调的米饭不同于主食米饭的制作，其口感要求更干爽一些，最好保持米粒颗颗分明，这取决于米与水的比例。小编提供一个基础的蒸饭方法，供读者参考。**注：**由于米的品种不同，蒸饭时米与水的比例需要依照食材特性摸索调整。

东北香米500克加清水淘洗干净，滤净水分后盛入托盘，加入清水400克，淋色拉油5克晃匀，覆上保鲜膜旺气蒸40分钟，取出后拨散凉凉，即可用来制作炒饭、泡饭等。

什么是黄金米

黄金米又叫脆米、炸米，多添加在炒饭、捞饭中增加香脆的口感。**其做法是：**取蒸熟凉凉的米饭放入盆中，冲入冷水洗至米粒颗颗分明、不再粘连，捞起沥干，断断续续倒入八成热中炸至米粒呈浅黄色并浮起，至大米蓬松酥脆时捞出即成。油炸时不要一股脑地将熟大米倒入油中，这样很容易炸不透，而应陆陆续续、缓慢颠入油中。

第一章

炒饭

以炒的技法制作而成，突出锅气香，米粒筋道弹牙，粒粒分明，是最常见的一类主食，从传统的蛋炒饭到如今配料各异的花色炒饭，创意天马行空，款款有滋有味。

澳门炒饭

制作/李季

糯米不蒸，而是直接放入清水中煮，沥干后炒至外香里糯，粒粒分明；配料丰富，松子、花生、炸土豆丝，增添酥脆口感；香葱、香菜摆在盘边，增添一抹翠绿，可由客人按照喜好决定是否拌入炒饭中。

批量预制：1.糯米洗净，加清水浸泡4小时，捞出后放入清水中大火煮10分钟，待其内部无硬芯时捞出沥干，摊开晾去水分备用。2.腊肉泡去多余盐分，蒸熟后取出改刀成丁；广式腊肠蒸熟，切丁备用。

走菜流程：炒锅炙透，留少许底油，下腊肉丁30克、腊肠丁30克炒出油脂和香味，放入糯米250克炒干水汽，加酱油4克、蚝油3克、盐3克、鸡粉2克翻匀，起锅装盘，上面撒松子20克、花生碎10克，盖炸土豆丝20克，在盘边分别放香葱花15克、香菜末15克即可上桌。

1.锅入底油烧热，放腊肉、腊肠炒出油脂和香味

2.放糯米炒干水汽，加酱油等调味

黯然销魂炒饭

制作/陈文

这款炒饭采用半成品黑椒鸭脯肉、蟹腿肉等作为辅料，最后撒点炸野米、木鱼花，以低成本做出了高端范儿。

原料：泰国香米饭600克，黑椒鸭脯肉（市场上常见的一种真空包装熟制品，为黑椒口味）80克，野米30克，洋葱丁30克，黄金米（即炸大米）30克，冰鲜带子20克，冰鲜蟹腿肉20克，生蛋黄2个，葱花、木鱼花、蟹籽各少许。

调料：味精5克，鸡精5克，黑胡椒粉、盐各1克。

制作流程：1.将黑椒鸭脯肉、解冻后的带子、蟹腿肉分别切成小粒，拉油备用。2.野米直接入热油炸至开花、松脆；提前炸好的黄金米入180℃热油中复炸至酥脆。3.锅内留少许底油，先下洋葱丁炝香，再入蛋黄液炒至半熟，加香米饭翻炒均匀，撒黑胡椒粉炒出香，再调入味精、鸡精、盐；倒入步骤1中加工好的辅料及葱花炒香，下黄金米略翻后出锅，顶端撒入炸野米、木鱼花，点缀少许蟹籽，将盛器放在点蜡烛的底座上即可走菜。

特点：咸鲜黑椒味，米饭软脆相间、口感丰富，香气浓郁。

1.这款炒饭所用的原料

2.蛋黄液与米饭炒匀后撒入胡椒粉

3.下入鸭腿肉丁等辅料翻匀，再撒入香葱花炒匀出锅

4.撒入炸野米、木鱼花，点缀少许蟹籽

薄壳米炒饭

制作/林群壮

这是广东潮汕地区的一款特色主食。将薄壳米的元素加入炒饭之中，不仅为其增添了地方特色，而且两种“米”搭配起来十分和谐，食之鲜美可口，唇齿留香。

制作流程（两份量）： 1.锅入猪油30克烧至六成热，放入五花肉末30克、香葱段15克爆香，加入香菇粒20克、胡萝卜粒20克翻炒至熟后抓入卷心菜丝80克炒至九成熟，调入盐、味精各2克，淋高汤少许。2.在锅中倒入薄壳米100克翻匀，下入蒸好的米饭400克快速翻炒均匀，淋炸蒜蓉的油15克，撒入葱花、胡椒粉各适量翻匀即成。

制作关键： 因为薄壳米和米饭都是熟的，所以要将卷心菜基本炒熟后再放主辅料。

注： 薄壳是一种浅色的小蛤蜊，因形状如南瓜子而又名海瓜子，它广泛分布于粤东、闽南一带海滩礁石上，当地渔民采收后一般将其煮熟取肉，晒干保存，即为薄壳米。

制作流程图

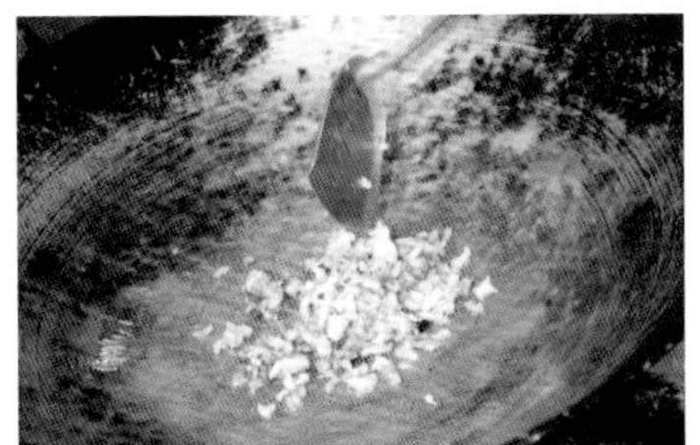

1.锅入肉末煸香

2.下入香菇粒、胡萝卜粒

3.倒入薄壳米

4.加入米饭

鲍汁炒饭

制作/陈文

炒饭添加自制鲍汁和炸脆米，舀一勺入口，炒米吸足了鲍汁的香气，辅以炸脆米的酥脆口感，非常完美。

制作流程：1.将鲍鱼仔2只、海参20克、香菇20克分别切成小丁，拉油备用。2.另起锅烧热后放少许猪油，倒入鸡蛋液100克炒至定型，再下米饭400克翻炒均匀，淋入自制鲍汁50克、老抽15克，放入拉油的丁状原料快速翻拌均匀；待米粒表面油润紧致后撒葱花20克，抓入一把脆米即可盛进热砂锅内上桌。

制作关键：在炒饭出锅之前，需撒上一把炸脆米，然后迅速盛进热煲仔中上桌。

鲍汁制作流程：

用料：老鸡19千克，筒子骨5千克，排骨4千克，猪手2.5千克，五花肉2.5千克，鸡爪2千克，火腿2千克，猪皮1.5千克，瑶柱250克，清水10千克。

制作：1.将老鸡、排骨、鸡爪、猪手、猪皮、筒子骨、五花肉分别飞水后放入大盆内，添入清水约10千克，入蒸箱蒸2小时，此时肉类已软烂，将原料捞出后用锅铲捣碎，原汤留用；火腿切成小块加葱姜飞水，瑶柱加葱、姜、清水蒸透。将两种原料分别摆入托盘，入200℃的烤箱烤至金黄、焦香，取出备用。2.平底锅内放少许底油，下入捣碎的原料煎至上色、出香，倒入大桶内，添入蒸肉原汤大火烧开，放入烤香的火腿块、瑶柱，大火熬1小时约得净汤7.5千克。3.将净汤滗入一只大盆中，下旧庄蚝油2瓶、味粉200克、冰糖300克、鸡汁300克、鸡饭老抽500克调味，搅匀后再熬10分钟即可。

储存：鲍汁熬好后不能静置放凉，否则凝固时容易分层——如果炒菜的师傅经验不足，很可能上一勺挖出的是油脂，下一勺挖出的是底层浓汤冻，烧出的菜要么过于油腻，要么清汤寡水。正确的储存方式是将放鲍汁的盛器“坐”在冰块上，用勺子不停搅拌使鲍汁降温、凝固，然后装进保鲜盒内放入冷库，定型后取出；将“鲍汁冻”切成大块，分别用保鲜膜包严，再次冻入冷库，每次用时取出一块即可。按此流程存放，鲍汁可用半年之久。

技术探讨

Q：猪皮也跟肉类一起先蒸后煎吗？这样操作会不会溶化？

A：不会的，猪皮蒸2个小时还不到溶化的程度。

鲍汁制作流程图

1.干瑶柱加葱、姜、清水蒸透

2.火腿切块后加葱姜飞水

3.将瑶柱、火腿送入烤箱，烤至瑶柱金黄、火腿焦香

4.其余肉类原料全部飞水

5.捞出后放进大盆内，添入开水，入蒸箱蒸2小时

6.滗出原汤留用

7.将滗去蒸汁后的“乏料”用锅铲捣碎

8.将捣碎的肉渣入平底锅煎香

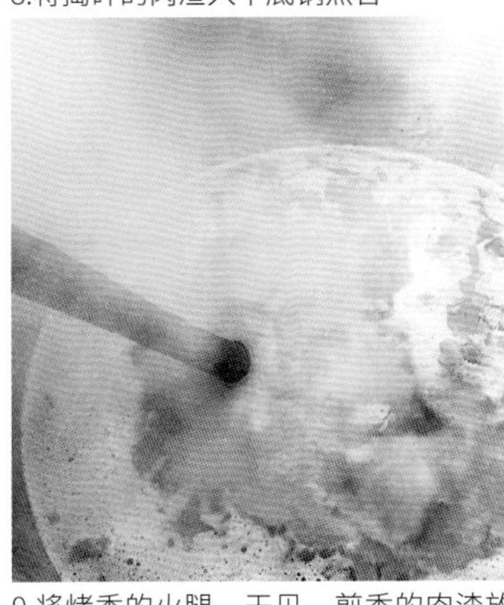

9.将烤香的火腿、干贝、煎香的肉渣放入汤桶，加入原汤熬开

10.盆内放入冰块

11.滗出净汤后调味，放在冰块上冷却

12.凝固后装入保鲜盒

13.定型后切成方块

14.封保鲜膜存放，用时取一块熬化即可

鹅肝炒饭

制作/孔杰

将西餐中的高档食材鹅肝融到家常炒饭里，既提升了炒饭的档次，又增加了毛利；鹅肝用黄油煸炒至表层金黄，吃起来略带焦香，同时具有黄油的淡淡奶香味，让人回味无穷。

制作流程：1.鹅肝50克改刀成丁，五花肉30克切条，鸡蛋1个打散。2.铁板预热至260℃，放入黄油10克烧至五成热，下入五花肉条，大火煸出油，加入洋葱碎20克、红椒碎10克大火翻炒出香，移至铁板一侧待用。3.将铁板擦干净，倒入凉透的泰国香米饭250克，用铲子碾压至散；加家乐烧汁30克、盐5克、白胡椒粉3克调味，小火翻炒均匀；淋入鸡蛋液，大火炒至香味浓郁后加入白芝麻5克，移至一侧备用。4.铁板放入黄油10克，化开后下入鹅肝丁，下白胡椒粉2克，煎30秒待鹅肝表层呈焦黄色时掺入炒好的米饭，下入生菜碎50克大火翻炒半分钟，撒葱花4克即可装盘。

制作关键：一定要选择表面比较光滑的鹅肝，色泽均匀且无黑点，否则口感不够香浓。

特点：米饭焦香耐嚼。

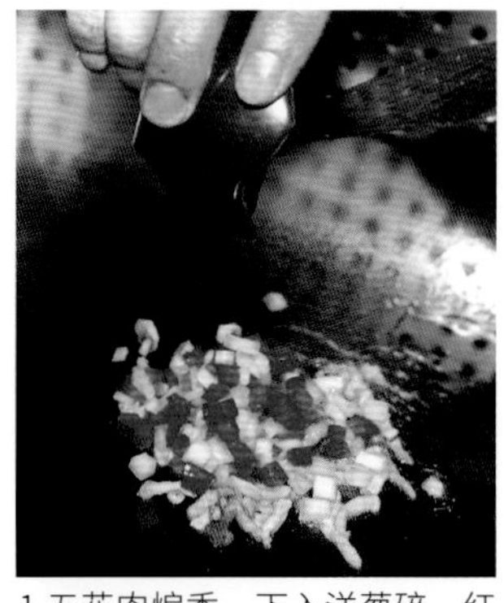

1.五花肉煸香，下入洋葱碎、红椒碎同炒至香味浓郁

2.米饭加入家乐烧汁、白胡椒粉、盐炒香，移至旁边待用

3.鹅肝丁在铁板上煎至两面金黄

4.将各种原料翻炒均匀

肥肠小盒子炒饭

制作/万陈

炒饭添加肥肠段，最后盛入纸盒中，造型富有创意，便于外卖。

批量预制： 1.五常大米先用细流水不停地冲洗，同时用手顺时针搅拌、淘洗，让每一粒米变得更干净光滑。大米清洗三遍，然后沥干放入托盘，每500克米加入鸡汤600克浸泡40分钟，再入蒸箱蒸40分钟，取出捣散、凉凉即可使用。2.肥肠加面粉、白醋搓洗干净，汆水后捞出切成小段。将肥肠段纳入高压锅，添清水后调入适量自制辣酱，上汽后压15分钟，捞出待用。

走菜流程： 锅入底油烧至五成热，磕入一个鸡蛋炒散，倒入米饭150克，用勺子边炒边捶，将米饭捶散；放蔬菜粒30克、酸豇豆10克炒匀，撒芝麻盐10克、辣椒粉8克翻匀，倒入肥肠段80克，浇压肥肠原汁10克炒匀；起锅装入纸盒，将肥肠段挑出摆在上面，再撒蔬菜粒15克（玉米粒、洋葱丁、青椒丁、红椒丁提前拌匀）、酸豇豆粒10克、甜脆萝卜片10克即可上桌。

辣酱的制作： 锅入菜籽油5千克烧至五成热，下洋葱碎1千克、葱碎1千克、姜末1千克、香葱碎500克炸出香味，放泡萝卜碎550克、豆豉蓉400克炒干水汽；待酸香逸出，放阿香婆香辣酱1.5千克、红油豆瓣碎1千克、李锦记蒜蓉辣酱200克、辣妹子酱200克、甜面酱150克炒出红油，调入辣椒粉200克、孜然粉50克熬15分钟，关火倒入盛器再加盖焖一天即可使用。

制作流程

1.米饭提前按标准重量称好，分装入纸盒，走菜时只需取一盒米饭倒入锅中炒制，极其快速便捷

2.锅入鸡蛋、米饭，用勺子边捶边炒

3.放辅料，加调料

4.放肥肠段，并浇入肥肠原汁炒匀

粉红炒饭

制作/黄光明

这款心形炒饭不但有高颜值，而且口味极佳，油润咸鲜，香气浓郁。“粉红”既是指炒饭的颜色，也代指爱心的造型。

批量预制：1.泰国香米蒸熟后取出，每1千克米饭加入25克炼好的鸡油打散、拌匀，再放入生蛋黄2个拌匀备用。2.红心火龙果添少许水打成较浓的果汁，用纱布袋过滤掉籽和粗纤维备用。

走菜流程：1.净锅上火放花生油烧至六成热，下入香芹粒10克、虾仁粒15克煸香，倒入米饭250克炒匀，调入盐和家乐鸡汁各少许，继续翻炒；临出锅前舀入2小勺火龙果汁，翻炒至米粒染上均匀的玫瑰红色。2.将心形模具放在迷你不锈钢双耳锅中，盛入粉红炒饭压实，取下模具后在顶端点缀两粒火龙果丁、薄荷叶即可。

制作关键：待米饭基本炒香后再下入火龙果汁拌匀，如过早添加，经加热后颜色变浅，成品就没这么漂亮了。

制作流程

1.将虾仁粒、香芹粒、米饭等炒香

2.临出锅前放入火龙果汁

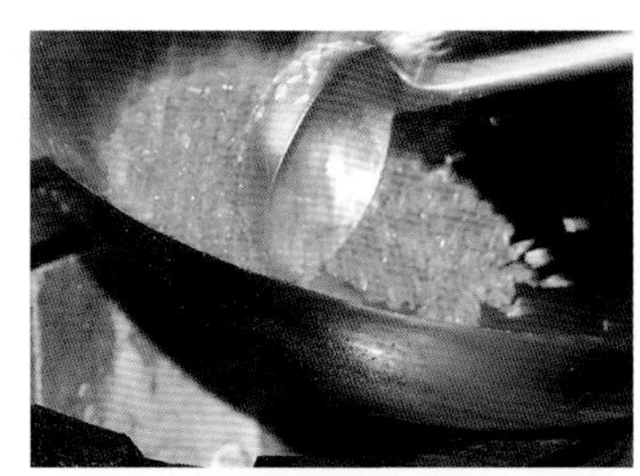

3.将米饭炒成玫瑰红色

4.将炒好的米饭舀入心形模具定型

海皇鸡火炒饭

制作/刘伟光

这道炒饭真材实料、工序复杂，使用蛋丝增香，添加蛋黄翻炒，搭配金华火腿末、鸡肉丁、海鲜丁，成品口味浓香，米粒弹牙。

制作流程：1.泰国香米淘洗干净，与清水按照5∶4的比例混匀，盛入托盘，蒸成颗粒分明的米饭。2.鸡蛋磕入碗中打匀，缓慢地淋入五成热油中炸成蛋丝，捞出沥干，放入热水中过一下，洗掉油分。3.金华火腿蒸熟剁碎。鸡腿肉切成小丁，加入少许盐、料酒、水淀粉抓匀。4.锅下底油烧热，加入鸡丁50克炒熟，撒火腿末15克翻炒出香。5.锅下底油烧热，放入鲜蛋黄两个、香米饭400克中火翻炒均匀，倒入鸡蛋丝50克、炒香的鸡肉丁和火腿末以及海鲜丁（虾仁丁、石斑鱼丁、带子丁各10克，均无须焯水），撒葱花15克，调入适量盐、鸡粉，小火炒至米粒弹牙，盛入小平底锅即可上桌。

制作关键：蒸米饭时加水量要略少于普通米饭，以保证其颗颗分明，否则出品口感过于绵软。

技术探讨

Q：为何既加炸蛋丝又下鲜蛋黄？

A：二者口感不一样，蛋丝是油炸而成，酥脆浓香，而鲜蛋黄是与香米同炒，口感更嫩一些。

皇帝炒饭

制作/姜宁凌

这款炒饭桌桌必点，原因有两点：一是好吃，二是实惠。大米要先煮后蒸，然后摊开用空调或风扇使其快速降温，增加嚼劲；炒制时，先下米饭捣散，再淋蛋液炒匀，使米饭呈现淡淡金黄色，粒粒有香味。实惠则是缘于分量和配料：这份炒饭足够四人食用，不仅能吃到鸡腿肉、虾仁、玉米、芦笋等丰富食材，还附加两条烤鳗鱼，一大盘端上桌极有冲击力。

原料的初加工： 1.选用五常大米3千克洗净沥干，下入沸水中煮7~8分钟；待汤变白后，将米捞入大盆，上锅蒸15分钟至成熟，取出后将米饭拨散，用空调（春、秋、冬三季改用风扇）吹15分钟，期间不断翻拌，使其快速凉透。2.虾仁开背、洗净，加适量盐、料酒、蛋清、水淀粉上浆；鸡腿肉去骨切丁，加适量盐、生抽、料酒、白胡椒粉腌制入味。

走菜流程： 1.**烤鳗鱼：** 托盘底部刷一层黄油，放半成品的袋装烤鳗鱼2条，刷一层蜂蜜，放入底火160℃、面火180℃的烤箱烤10分钟，取出改刀成段。2.取鸡腿肉100克、虾仁50克滑油至变色后捞出；玉米粒、芦笋丁各40克下入油盐水氽熟备用；鸡蛋1个打散。3.锅入底油烧至五成热，下米饭500克捣散，慢慢地浇入蛋液，注意边倒边炒，使蛋液均匀地粘在每一粒米饭上，入盐5克、鸡粉3克、李锦记草菇老抽2克充分翻匀，再倒入辅料，撒香葱碎20克充分炒香，起锅装盘，顶部盖上烤好的鳗鱼即可走菜。

制作关键： 经过煮、蒸、晾三步操作，无须隔夜，米饭已很有嚼劲，且熬出的米汤可送与客人饮用，解辣去腻的效果一流。

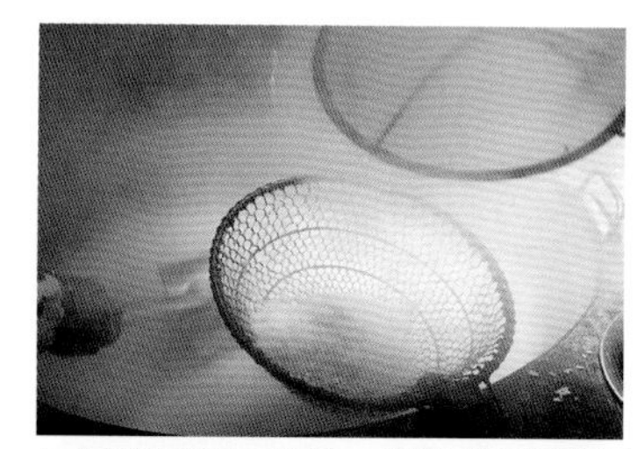

1.大米先煮7~8分钟，再捞起入锅蒸制

2.炒饭时先下米，再倒入蛋液翻匀

花生萝卜焗饭

制作/黄景辉

“萝卜焗”是潮汕菜的一大招牌技法，将鲜萝卜或萝卜干与各类食材搭配，焗香成菜。这里将新鲜白萝卜切成细丝，与潮州肉扎、虾米碎等一同为米饭增味添香，这款特色主食自推出后广受欢迎。

原料：蒸熟的米饭200克，白萝卜50克，潮州肉扎40克（潮州产的一种猪肉制品，类似于午餐肉或香肠，五香口味，市场价约20元/千克），盐炒花生碎25克，虾米碎10克。

调料：葱花8克，美极鲜味汁3克，盐3克，味精2克。

制作流程：1.白萝卜去皮洗净，切成细丝，飞水后捞出沥干；潮州肉扎改成黄豆大小的粒待用。2.锅入底油烧至四成热，下葱花5克煸香，下入肉扎粒、虾米碎、白萝卜丝翻炒出香，然后下入蒸熟的米饭，加美极鲜味汁、盐、味精调味，淋少许高汤（可使炒好的米饭更加滋润）一同炒匀，起锅装入提前烧热的砂锅中，表面撒上盐炒花生碎及剩余葱花，加盖上桌即成。

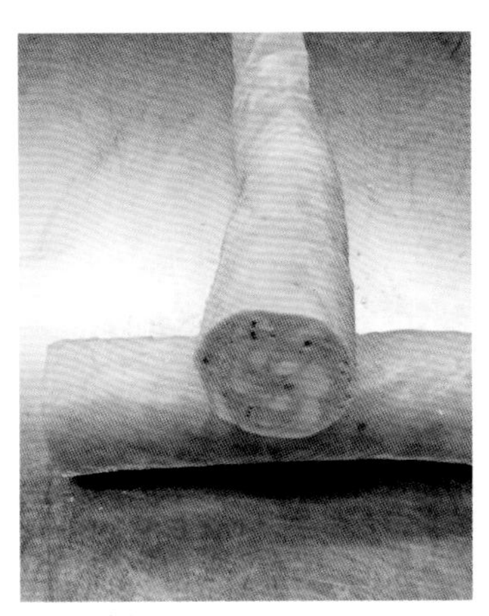

潮州肉扎

老口子蛋炒饭

制作/周全

这道炒饭选用东北五常大米为主料，炒制时用了三种油——猪油、菜籽油增香，色拉油则能摊薄成本；辅料除了鸡蛋还加入香肠、腊肉、火腿末，增加可食性，香气更浓厚；调味时放了小米椒、青椒、大红椒以及酸菜，鲜辣微酸，更增食欲；而龙牌酱油、黄豆酱油和生抽的加入使炒好的米饭鲜甜酱香、回味绵长。

制作流程： 1.东北五常大米淘洗干净，与清水按照1：1的比例倒入电饭煲中，蒸30分钟至熟，盛入干净无水的托盘中摊开凉凉备用。2.锅入混合油（猪油、菜籽油、色拉油按照2：2：1的比例混匀）50克烧至五成热，下香肠片25克、腊肉丁10克、火腿末10克煸出油，加葱花10克、小米椒末10克、青椒末15克、大红椒片20克、洋葱片20克、酸菜碎15克略煸，倒入蛋液25克炒至半凝固状态时，立即倒入米饭500克大火翻匀，调入混合酱油10克、盐少许炒出锅气即成。

制作关键： 1.米粒淘洗干净后直接加水蒸制，无须提前浸泡，否则米香流失。2.蒸好的米饭一定要立刻摊入托盘中凉凉，防止米粒进一步成熟、发黏，导致炒制后失去韧性和嚼劲。

腊味炒饭

制作/陈文

炒饭添加腊肉、腊肠，咸香浓郁，让人不知不觉就能吃一大碗。

批量预制：1.锅下宽水，放入广式腊肉和腊肠各300克大火煮10分钟，离火静置半小时，去掉异味和污物，控干后分别改刀成小片。2.锅滑透下底油烧热，放入腊肉和腊肠片爆炒出香后出锅待用。3.取菜心500克，择去绿叶留作他用，菜心梗切成1厘米见方的丁。

走菜流程：1.取煸过的腊肉和腊肠片50克放入漏勺，锅下油烧至五成热，放入菜心丁80克快速拉油，控油时顺便将漏勺上的腊肉和腊肠片激热。2.另起锅滑透下底油烧热，放入全蛋液2个小火炒至半凝固状态，放入蒸熟的香米饭600克，略微翻炒，使未凝固的蛋液均匀地包裹在米粒外层；调入盐、味精各5克，翻炒至米粒颗颗分明，下入腊肉、腊肠片和菜心丁，炒匀起锅即成。

腊味野米炒饭

制作/彭华强

这款炒饭特别之处有三点：首先，两款米粒有不同的口感，白色香米软糯，而黑色野米紧实、有嚼劲，其中香米要裹着蛋液下锅，增添香味；其次，以洋葱、香葱熬成的油来炒饭，把清甜牢牢锁在米饭里；最后，走菜前撒上一把油条碎，既为炒饭增添亮色，其酥脆的口感也能带给客人不同的体验。

原料的初加工：1.美国野米1千克淘洗干净，放入清水中浸泡一晚，第二天将泡好的野米盛入托盘，添纯净水至刚刚浸没表面，入蒸箱蒸60分钟至熟，取出捣散、凉凉待用。2.泰国香米4千克淘洗干净，无须浸泡，放入托盘添纯净水，高度需没过原料1厘米，入蒸箱大火蒸40分钟，取出捣散凉凉备用。3.油条炸至表面焦脆，捞出沥油，凉凉后碾碎；韭菜薹剪去老秆，只留上部最新鲜脆嫩的部分，洗净沥干，切丁备用。

走菜流程：1.取泰国香米400克放入碗中，淋全蛋液40克拌匀。2.锅入葱油30克烧至五成热，下入腊肉丁40克小火煸炒出油脂，将腊肉拨至锅边；待香味逸出，放裹好蛋液的香米炒匀，拨回腊肉，下野米100克继续大火翻炒1分钟，调入千禾头道原香酱油15克、旧庄蚝油8克、盐6克，撒韭菜薹丁40克翻匀，起锅装入深碗，顶端点缀油条碎30克即可上桌。

葱油的制作：锅入色拉油5千克烧至五成热，下入洋葱丝1千克、香葱750克炸至颜色焦黄，待将水分全部炸干、葱香味也渗入油中时，关火沥渣即可。

凉粉炒的米

制作/谢风江

此饭由西安名吃凉粉炒馍改良而来，选用吉林延边出产的有机大米，添入以牛油、猪油、豆瓣酱等炼成的料油进行炒制，成菜香气浓郁，粒粒分明，筋道弹牙的大米中夹杂着爽滑的凉粉丁、清脆的辣椒丁，口感十分奇妙。

料油的制作： 锅入色拉油1千克、牛油250克、猪油250克烧至六成热，下姜片150克、葱段100克炸至焦黄，打出料渣后倒入永川豆豉220克、郫县豆瓣酱150克，小火炸干豆豉中的水分，起锅倒入盛器中待用。

凉粉丁的制作： 1.红薯淀粉150克纳盆，倒入清水250克搅拌至化开待用。2.锅入清水800克烧开，缓缓倒入红薯淀粉糊，边倒边搅，小火熬至呈黏稠的透明状，起锅倒入盛器中，自然凉凉至凝固，切成小丁即可。

走菜流程： 净锅入自制料油30克烧至五成热，下蒜末、姜末各5克炒香，放入凉粉丁150克、蒸熟的米饭500克小火翻炒约1分钟；加青、红椒丁各15克，调入味精5克、酱油5克、盐5克、五香粉2克，撒香葱碎5克翻匀后盛入码斗稍稍压实，扣入盘中即成。

1.净锅入自制料油烧至五成热，下蒜末、姜末等炒香，放入凉粉丁

2.倒入蒸熟的米饭炒匀

3.加青、红椒丁调味翻匀

4.将炒米饭盛入码斗稍稍压实，再倒扣入盘中即成

苗家社饭

制作/郭运华

社饭是湘西的特色小吃，香滑弹牙的米饭中夹杂着新鲜蒿叶特有的清香和腊肉的熏香，令人垂涎。

批量预制：泰国香米2千克淘洗干净；新鲜蒿叶200克洗净，掺少量冰块入搅拌机打碎（以保持色泽翠绿），拌入香米中，放入花生米200克，然后添入清水（高度没过原料1厘米），入蒸箱蒸45分钟，取出待用。

走菜流程：锅入色拉油50克烧至五成热，下五花腊肉丁75克煸香，下入蒸好的米饭400克炒匀，加盐10克调味，盛入垫荷叶（干荷叶提前入热水泡软）的笼屉上桌即可。

特点：咸香可口，清香扑鼻。

制作关键：1.米饭要蒸得稍硬一些，这样炒制时不易粘锅。2.米饭和腊肉越炒越香，炒至出现锅巴时即可铲出装入荷叶。

牛肉干炒小米

制作/赵平

这道小米炒饭制作时加了三样法宝：牛肉干筋道酥香，为小米饭增加了可食性；炒制时加了黄油则能增香；放韭菜花酱则为此饭赋予独特的韭菜香气，令人一吃难忘。

制作流程：1.小米放入托盘，加清水没过米粒3.5厘米，入蒸箱蒸40分钟至熟，取出拨散凉凉。2.净锅炙透，入色拉油75克烧至五成热，放牛肉干粒30克炒匀，接着加鸡蛋液50克炒散，倒入蒸熟的小米600克，用手勺将其摊平于锅壁上，下韭菜花酱、黄油各50克翻炒均匀，调入盐、鸡粉各5克炒匀，撒葱花20克即可装盘。

制作关键：小米的添水量较大米略少一些，没过原料3.5厘米，蒸出来的米粒稍干，否则炒制时容易粘在一起，没有颗粒分明的感觉。

制作流程

1.锅入油烧热，下牛肉干、鸡蛋液炒至起泡

2.下入蒸好的小米饭摊开，使其均匀受热

3.倒入韭菜花酱

4.加黄油翻炒均匀

5.下葱花即成

食神炒饭

制作/吴明强

炒饭上面盖一层蟹籽，红亮晶莹，入口有爆破感，大大提升了鲜度。

炒制流程（六位量）：
1.澳带60克切成蚕豆粒大小，与新鲜豌豆40克分别拉油控干；碗内下入土鸡蛋的蛋黄8个搅打均匀。2.净锅滑透，下少许底油，倒入蛋黄液小火炒成嫩蛋碎，加入凉透的米饭200克迅速炒散；沿锅壁淋清水20克快速翻匀，加入炸至金黄酥脆的蒜末5克，然后在锅壁上淋入混合泰国鱼露的大孖（mā）酱油20克翻炒均匀，下入蒸熟的美国野米（按照1份野米加2份水的比例上笼蒸至开花后取出，自然凉透即可）50克、熟拆蟹肉20克、拉过油的澳带粒和豌豆，迅速翻炒均匀，在锅壁上淋入广祥泰鸡饭老抽5克，炒匀后倒入香葱30克，继续翻炒片刻即可离火；分装入放有心形模具的盘中，盖上一层蟹籽摁平整，去掉模具，点缀后即可上桌。整个炒制过程约7~8分钟。

制作关键：1.制作食神炒饭，选用东北五常大米。通常蒸饭时，加水量为大米的1.2~1.5倍，以这个比例蒸出的米饭软硬合适，而制作食神炒饭，则是按照1：1的比例加水，米饭蒸好后质感稍硬，这样才能炒出粒粒分明的状态。为了避免将米饭蒸粑，还需注意三点：一是大米不可提前浸泡，而要直接加水蒸制；二是蒸时要在盛器上覆一层保鲜膜，避免米饭过度吸收蒸箱中的水汽；三是米饭加热20分钟至充分熟透，然后迅速从蒸笼中取出，撕去保鲜膜后马上用木勺捣散，摊开后置于通风阴凉处凉透即可炒制。2.这碗炒饭好吃的另一个秘诀是配料足，而且以海鲜食材为主：大块的澳带既丰富了口感又增添了鲜味；熟拆的蟹肉在炒制过程中与米饭融合在一起，使每颗米粒都镀上了一层香气；出锅后还要盖一层蟹籽，提升了档次、丰富了配色，对口感和滋味也起到了进一步的助推作用。3.为了不掩盖这些海鲜食材的本味，炒饭时只加入了两种酱油，一是被誉为“食神炒饭”灵魂所在的大孖酱油，这种酱油采用传统工艺发酵而成，没有黄豆酱油那种过于浓郁的发酵气息，更像是精炼过的蒸鱼豉油，尝之略带一丝酒味，鲜香回甘，黑褐中透着金黄，使用前，需将其与泰国鱼露按照2：1的比例调匀，以增加赋味提鲜的效果；而另一种酱油则是产自新加坡的广祥泰鸡饭老抽，这种酱油赋色效果极佳，而且带有一丝焦糖香气。4.米饭跟炙热的锅壁反复碰撞，不仅能达到粒粒分明的效果，还能激发出一股淡淡的焦煳，使成品达到“热、干、香”的效果，这就是广东大厨常说的“锅气”。但是米饭毕竟含水量有限，炒出“锅气”的同时势必会加速水分流失，这样做出的炒饭就会过于干硬，而解决的办法也很简单——在热锅壁上淋20克左右的清水，这样既能产生更多的“锅气”，也能使米粒的表层变得柔软，同时有利于各种调料渗入饭粒。

制作流程图

1.锅入底油烧热，加蛋黄液炒散，下入米饭炒匀

2.在锅壁上淋入少许清水

3.加入金蒜末

4.调入混合鱼露的大孖酱油

5.下入配料炒匀，加香葱炒香

6.迅速翻炒均匀即可出锅

砂锅榄菜鱼蓉焗饭

制作/司徒绍南

炒饭添加鲫鱼蓉、橄榄菜，鲜香加倍，格外好吃。

提前加工鱼蓉：1.鲫鱼5条（每条重约500克）宰杀洗净，剁去头尾后从中间片开，取两侧净肉，在鱼肉表面均匀地抹上一层细盐待用。2.平底锅入底油烧至四成热，下入鱼肉小火煎至两面微黄，捞出稍加冷却后剔去鱼刺。3.锅内重新倒入少许底油烧热，下入鱼肉，用手勺将其充分捣碎，煎炒出香后盛出待用。

榄菜的预制：罐装橄榄菜1瓶（重约200克）倒出多余汁水，放细流水下稍加冲洗（橄榄菜的原汁较黑，若是不冲洗就直接下锅炸制，会将锅内的油尽数染黑，影响二次利用），捞出挤干水分，下入四成热油中小火炸干水汽，捞出沥油备用。

走菜流程：1.取蒸熟的米饭50克下入冷水中，搅散后继续浸泡15分钟（目的是让米粒吸收水分变得膨胀，这样炸后更加松脆），捞出沥干水分，下入五成热油中炸至色泽金黄、质地酥脆，沥油备用。2.锅入鸡油30克烧至四成热，下姜米5克煸炒出香，下入米饭350克、鱼蓉120克、炸好的橄榄菜50克，大火翻炒至米饭充分散开，将炸米下入锅中，加生抽6克、盐5克、味精3克调味，再下葱花、香菜碎各10克一同翻匀，起锅倒入砂煲（提前刷一层调和油，防止煳底）中，加盖上火焗2~3分钟至香味溢出，关火上桌即成。

提前加工好的鱼蓉

酸菜蛋炒饭

制作/陈文

炒饭添加酸菜碎、贡菜碎、生菜碎，成品咸香爽脆，非常开胃。

制作流程： 1.取米饭220克加蛋黄液20克拌匀。2.锅入大豆油25克烧热，下鸡蛋1个煎黄炒散，放酸菜碎（提前泡去盐分）15克炒出香味，加入拌蛋黄的米饭以及贡菜碎、生菜碎各20炒匀，调入红烧酱油3克、盐3克翻炒入味，离火下葱花30克翻匀即可出锅。

1.鸡蛋炒散后下酸菜碎炒香

2.倒入米饭翻匀，调入红烧酱油翻炒上色，撒葱花即可

酸菜剁椒炒米饭

制作/李静陶

这款米饭有两个亮点：首先酸菜和泡椒都切成碎末，夹裹米饭炒香，每一口都带着酸辣气息；其次，除了提前炒好的鸡蛋碎，炒制过程中还要在米饭上淋入生蛋液，十分美味。

制作流程：锅入葱油40克烧至五成热，下入鸡蛋1个炒散，放酸菜碎、剁椒碎各30克炒出香味，添米饭200克，一边炒一边用炒勺底部不断挤压，使几种原料的香气快速融合；调入盐、鸡粉各5克翻匀，淋蛋液30克不断颠翻至凝固，起锅装入铝制饭盒即可走菜。

锅入蛋液炒散，下酸菜末、泡椒末炒匀，倒入米饭，一边颠炒，一边用手勺不断挤压

酸豆角肉末炒饭

制作/陈文

酸豆角与米饭，可谓一对经典搭档，大火爆炒之后酸香可口。

批量预制：1.酸豆角500克用细流水冲半小时左右，去掉多余咸味，控水后切丁待用。2.锅滑透留底油烧热，放入五花肉末100克煸炒出油，下蒜蓉10克炸出香味，倒入酸豆角丁，大火翻炒，调入盐5克、味精10克、鸡精10克，翻匀后起锅，盛出自然放凉待用。

走菜流程：锅滑透留底油，倒入全蛋液2个小火炒至完全凝固，倒入蒸熟的香米饭600克，略微翻炒后调入盐、味精、鸡精各2克，中火炒至米饭粒粒分明，倒入酸豆角肉末50克翻匀，撒入葱花即可起锅装盘。

天然荷香乌米饭

制作/丁勇

较之普通炒饭增加了一个步骤：将炒好的饭装入小笼再蒸一下，主辅料的香气得以充分融合。

制作流程： 1.新鲜乌饭树叶按1：1的比例添水榨成汁，下入糯米浸泡5~6小时，捞出时米粒变得乌黑且微微带点蓝色，蒸约20分钟至成熟，拨散凉凉。2.铁锅上火，放猪油80克烧热，倒入五花肉条50克煸香，再依次下入腊肉条80克、咸肉条60克、虾干50克、水笋段70克、泡好的迷你香菇80克、蒸熟去皮的小土豆仔100克大火翻炒出香，再添青豌豆60克和蒸好的乌米饭400克炒匀，最后撒少许韭菜末。3.将炒好的乌米饭盛入铺有荷叶的小竹笼内，再次蒸约10分钟即可走菜。

特点： 先炒后蒸，腊味、虾干、菌菇等各种食材的气息充分交融并渗入米粒，香气扑鼻，入口黏糯。

注： 乌树又叫乌饭树，叶子榨汁后呈黑绿色，可为大米染上乌黑的颜色，且使之带有乌树叶的清香。

乌树叶

制作流程图

1.水竹笋

2.用乌树叶汁泡制糯米

3.此菜所需的原材料

4.先煸香五花肉条，再下入其余辅料煸匀出香

5.倒入乌米饭一起炒匀

铁锅桑叶咸肉炒饭

制作/汪林

炒饭添加桑叶尖，颜色青翠，口味清新。

制作流程： 1.取嫩桑叶尖飞水去涩味，控净后剁成末。2.锅内放菜籽油50克烧热，下咸肉丁100克炒出油分，放桑叶末200克炒香，倒入蒸好的五常米饭1千克，调入适量盐翻炒均匀。3.另取一只铁锅烧热，盛入一小部分炒饭，在锅底摊平、按紧，再盛入剩余炒饭。由于锅底较厚，在上桌过程中会持续给炒饭加热，待客人吃到最后时，底层炒饭已结成锅巴，香脆美味。

特点： 每粒米饭中都渗入了咸肉的腊香和桑叶的清香。

1.嫩桑叶飞水后泡去涩味

2.锅内放咸肉丁煸香，下桑叶炒透

3.倒入米饭炒匀

4.在烧热的铁锅内盛入少许压实，再舀入剩余炒饭

杏鲍菇牛肉炒饭

制作/陈文

米饭中添加提前炒香的牛肉杏鲍菇丁，大火翻炒混匀，Q弹的米粒中夹杂鲜美的牛肉、杏鲍菇粒，格外美味。

批量预制：1.杏鲍菇500克切成1厘米见方的丁，入四成热油中火炸至熟透后捞出控油；肥牛500克切成1厘米见方的丁待用。2.锅滑透留底油烧热，下肥牛丁煸炒至断生后放入炸好的杏鲍菇翻炒均匀，调入生抽50克、盐5克、味精5克炒匀后盛出备用。

走菜流程：锅滑透留底油，倒入全蛋液2个小火炒至完全凝固，倒入蒸熟的香米饭600克，略微翻炒后调入盐、味精、鸡精各2克，中火炒至米饭粒粒分明，下入提前预制的牛肉杏鲍菇丁50克翻炒均匀，撒葱花即可起锅。

咸鱼鸡肉炒饭

制作/陈文

用咸鲅鱼、鸡肉丁炒米饭，风味独特，值得借鉴。

批量预制：1.取咸鲅鱼净肉500克，切成1厘米见方的小丁，入沸水焯去咸味，下入五成热油炸至表面结壳，捞出控油待用。2.净鸡胸肉700克切成1.5厘米见方的丁，调入底味后加蛋清抓匀，倒入水生粉上浆，入宽油滑至断生后捞出控干待用。3.取菜心500克择去绿叶部分留作他用，菜梗切成1厘米见方的丁待用。

走菜流程：1.取咸鱼丁和鸡肉丁各30克放入漏勺，锅下油烧至五成热，倒入菜心丁80克快速拉油，控油时顺便将漏勺中的咸鱼丁和鸡肉丁激热。2.锅滑透下底油烧热，放入全蛋液2个炒至半凝固状态，放入蒸熟的香米饭600克，略微翻炒，使未凝固的蛋液均匀地包裹在米粒外层；调入盐、味精各5克，翻炒至米粒颗颗分明，下咸鱼丁、鸡肉丁、菜心丁炒匀，撒入葱花10克炒出香味即可起锅。

咸柠檬炒饭

制作/曹嗣全

这款甜味炒饭其中并未放糖，而是来自咸柠檬自带的甜口，搭配洁白的蛋清碎、碧绿的胜瓜丁，既不会抢走咸柠檬的香气，又使颜色搭配清爽悦目，推出后即被广泛模仿。

制作流程图

制作流程：1.咸柠檬1个切成碎末盛入码斗，舀入一勺热水稍微烫一下，去掉部分酸涩味。广东胜瓜去皮后切成小丁焯水备用。2.锅内放宽油烧至三成热，倒入两个打散的蛋清，用锅铲不断搅动，待其刚刚凝固成型时捞出，倒在吸油纸上去掉多余油分。3.锅下底油，倒入一碗米饭、一半咸柠檬碎翻炒均匀，下入胜瓜丁稍微炒一下，再倒入剩余的柠檬碎，放少许盐调味后倒入蛋清碎轻轻拌匀即可出锅。

特点：微酸、微甜、微咸，颠覆传统炒饭的口感。

注：胜瓜是广东产的一种八棱丝瓜，多去皮后使用，口感细嫩、味道清鲜。

咸柠檬是广东特色小食，口味酸酸咸咸，在港式茶餐厅较为常见，秋冬季节食用有止咳化痰、护嗓润肺的功效。**其大致做法是：**新鲜柠檬用清水洗净，擦干表面水分。取一个开水烫过的密封罐，用净布擦干，塞入一层柠檬，撒一层盐，直至将瓶子装满，密封后在阴凉处放置半年方可食用。

胜瓜

咸柠檬

1.咸柠檬切碎，用热水泡一下

2.胜瓜丁汆水备用

3.蛋清入低温油中滑至刚刚定型，倒在吸油纸上去掉多余油分

4.锅放底油，下米饭与一半咸柠檬碎炒匀

5.下入胜瓜粒翻匀

6.倒入剩余的咸柠檬碎

7.倒入蛋清炒匀

养生小米饭

制作/吴明强

这款炒饭的主料为小米，搭配菠菜蓉、鸡蛋同炒，卖相亮丽，营养丰富。其成本5元，建议售价22元，毛利高达77%。

批量预制：1.小米1千克淘洗干净后盛入托盘，添清水至没过主料1.5厘米，送入蒸箱蒸40分钟至熟透。2.菠菜1千克洗净后入榨汁机，添清水500克搅打成蓉。

走菜流程：1.取蒸好的小米饭400克纳盆，加鸡蛋2个搅匀成糊状；另取一盆放入菠菜蓉150克，加鸡蛋2个搅匀备用。2.锅入色拉油70克烧至五成热，倒入鸡蛋菠菜蓉中火翻炒至定型，盛出待用。3.另起锅，倒入色拉油100克烧至六成热，放入步骤1中拌好的小米饭，撒盐5克炒至米粒分开，再倒入炒好的鸡蛋菠菜蓉不断翻炒2分钟即成。

制作关键：1.炒鸡蛋菠菜蓉时翻至定型即可盛出，倘若加热时间过长，会导致菠菜色泽暗淡。2.小米饭的口感比大米硬，所以在制作时需注意三点：第一，小米蒸制时需加入足量清水；第二，蒸好的小米饭中需加适量鸡蛋搅匀，这样入锅炒制时鸡蛋会裹在小米粒上，保持水分不流失；第三，炒制小米饭时可适当多放一些色拉油，使其口感更加油润。

制作流程

1.蒸好的小米饭和菠菜蓉分别纳盆，各加鸡蛋2个搅匀

2.锅入色拉油烧至五成热，倒入鸡蛋菠菜蓉中火翻炒至定型，盛出待用

3.另起锅，倒入色拉油烧至六成热，放入小米饭炒至米粒分开

4.再添炒好的鸡蛋菠菜蓉不断翻炒2分钟即成

第二章

泡饭

以热汤冲泡米饭，成品鲜香软滑，亦饭亦粥亦汤，一口尝尽多种食材之鲜香。

八旗泡饭

制作/司徒绍南

鲫鱼汤搭配五花肉、珍珠蚝、鱿鱼粒、冬菜碎、丝瓜粒等多样辅料煮沸，带一碗炸香米上桌后浸泡食用，一道主食被包装出不一样的形式和气氛，口味咸鲜醇香，销量极高。

炸制香米：1.泰国香米淘洗干净，盛入托盘，每500克香米加300克清水，无须覆膜，放入蒸箱旺火蒸20分钟，取出后摊开放凉。2.锅入宽油烧至四成热，下熟香米浸炸至金黄酥脆，捞出沥油备用。

准备辅料：五花肉粒50克，珍珠蚝肉50克，丝瓜粒50克，西红柿丁50克，虾仁粒30克，鱿鱼粒30克，冬菜碎20克，姜末、香芹末、香葱末、香菜末各10克。

制作流程：1.五花肉粒入底油煸炒至熟，烹少许料酒祛腥，盛出待用。2.珍珠蚝、鱿鱼粒、虾仁粒入沸水稍焯，捞出沥干。3.锅下鲫鱼汤1千克烧沸，调入姜末10克、盐10克、胡椒粉8克、味精5克、鱼露3克、鸡汁3克，倒入备好的五花肉粒、珍珠蚝、鱿鱼、虾仁以及冬菜碎、丝瓜粒、西红柿丁烧开，盛入砂锅中。4.取炸米400克盛入盘中，将香芹末、香葱末、香菜末装入味碟，再带一碟炸金蒜，连同鱼汤一起走菜。服务员将砂锅置于卡式炉上加热，倒入适量小料和炸米再次煮沸，即可分给顾客食用。

特点：汤汁咸鲜醇香，炸米筋道弹牙。

制作关键：蒸香米时不可加太多清水，否则米粒便不分明了。炸香米需用慢火，将其炸至酥而不煳。

八旗泡饭制作流程图

1.八旗泡饭配料丰富

2.鲫鱼汤加蔬菜丁、海鲜丁等煮沸

3.上桌后将料头放入汤内

4.倒入炸米

5.煮沸后即可分给顾客

6.八旗泡饭鲜味浓醇，米粒弹牙

茶泡饭

制作/温良鸥

这款茶泡饭来源于日本料理，以玄米茶汤冲泡米饭，搭配鲣鱼节、昆布碎、山葵根，以堂做的形式展示在顾客面前，极有特色。

批量预制：1.沏茶：此饭所用茶汤选玄米茶泡制，这是一种日式风味茶饮，以炒熟的糙米与煎茶（这是日本当地最常见的一种绿茶，以鲜嫩的茶芽，经蒸汽杀青后捻成细卷的形状，再经烘干制成）混匀而成，既保持了绿茶的清香，又增添炒米的焦香，且大大降低了茶叶原本的苦涩味，茶汤香浓，具有降压降脂、帮助消化的功效。2.沏茶的手法也有讲究，先将茶叶放在笊篱内用清水冲洗，去掉杂质后放入茶盏，再慢慢倒入烧至90°C的矿泉水泡成浓茶，然后将茶汁与自制鲣鱼汁（清水500克、木鱼花20克一同入锅，小火煮5分钟，关火泡30分钟，滤渣即成）按照3∶1的比例混匀，待走菜前再次烧开，滚烫时浇在米饭上效果更好。**3.蒸米饭：**选用黑龙江的五常大米。洗米时要用两只手向外划圈，将大米表面的那层膜洗掉，米粒就会变得晶莹剔透，之后将其沥水，放入冰箱冷藏一晚，使水分慢慢渗入内部，这样煮好后更加Q弹。第二天将米取出，加上1.2倍的清水一同放入托盘，盖一小块昆布增鲜，蒸熟即可。走菜前要将米饭放入调至160°C的照烧炉，表面刷少许味淋烤5分钟，使其水分减少，并带上少许焦香。4.此饭还用到另一种特殊辅料：鲣（jiān）鱼节。这是鲣鱼制成的一种调味料，按加工方法的不同，分为荒节和枯节。鲣鱼肉经过煮熟、熏制，含水量在15%以下，便成为荒节，将其放置在阴凉处，就像制作火腿那样经霉菌发酵制干，便成为枯节。这里选用鱼味浓厚，还带有酵香的枯节，带着刨木箱子一同上桌，由服务员当着客人的面，一边讲解鲣鱼节的由来和挑选，一边刨下鱼屑，并将其放在米饭上补味。

玄米茶

5.除了现刨的鲣鱼节鱼屑，这款茶泡饭还要放入少许现磨山葵根。山葵是生长在清澈水田里的一种植物，一般需要三年才能食用，具有独特的香味和充满刺激的辣味，能遮住鱼的腥臭，衬出其鲜美，多用于蘸食刺身、寿司。由于山葵的辣味容易挥发，因而这里将整棵山葵带上餐桌，在裹着鲨鱼皮的小搓板上现吃现磨，既能保留香味，也可为食客增加谈资。

鲣鱼节

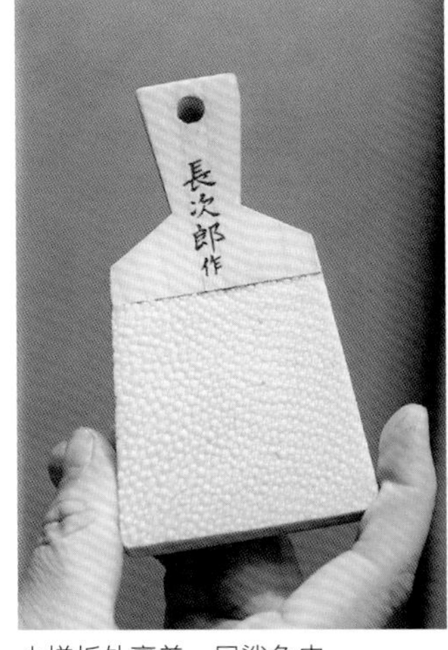

小搓板外裹着一层鲨鱼皮

茶泡饭走菜流程

1.一碗茶泡饭，所需的原料、工具多达10种

2.当着客人的面，在刨木箱子上，现场刨制鲣鱼节

3.刨好的鱼屑

4.在小搓板上现磨山葵根

5.米饭上撒香葱、熟芝麻、昆布碎

6.放少许海苔丝、现磨山葵根

7.浇入茶汁，撒鲣鱼屑即可食用

顶汤海鲜泡饭

制作/王德平

此菜从三鲜锅巴肉片创新而来，把锅巴换成蒸熟炸酥的粒粒香米，上菜后将“顶汤海鲜”倒入热香米中，波浪翻腾，香气四溢，非常有气氛。

批量预制：1.泰国香米淘洗干净，盛入托盘，每500克香米淋50克清水，无须覆保鲜膜，放入蒸箱旺火蒸20分钟，此时米粒熟而松散，质地比较干，取出放凉。2.锅入宽油烧至四成热，下熟香米小火浸炸至金黄酥脆，捞出沥油备用。

走菜流程：1.水发黄玉参100克切成斜刀片；大虾仁80克开背去掉虾线；水发鱿鱼100克切成菱形块；胡萝卜80克切成小块。2.将以上所有原料以及鲜豌豆、玉米粒各30克汆水，捞出沥干。3.锅下鸡油30克烧热，加入顶汤（即浓汤）500克以及汆过水的原料烧开，调入花生酱10克、盐6克、鸡汁3克、味精3克，小火煨透，无须勾芡，盛入碗中。4.取炸好的香米300克入四成热油复炸至酥，捞出沥干后盛入热石锅，带煨好的海鲜一起上桌。5.服务员将海鲜倒入石锅中拌匀，再将其分到碗中，即可请客人享用。

制作关键：蒸米时一定要把握好米与水的比例，既不可太多，也不能太少。水太多香米成团，炸后结块；水太少香米太干，炸后爆裂，会变成大米花。

制作流程图

1.海参、鱿鱼、虾仁等纳入碗中

2.飞水后加顶汤煨透

3.香米加少许清水提前蒸熟，然后油炸至酥

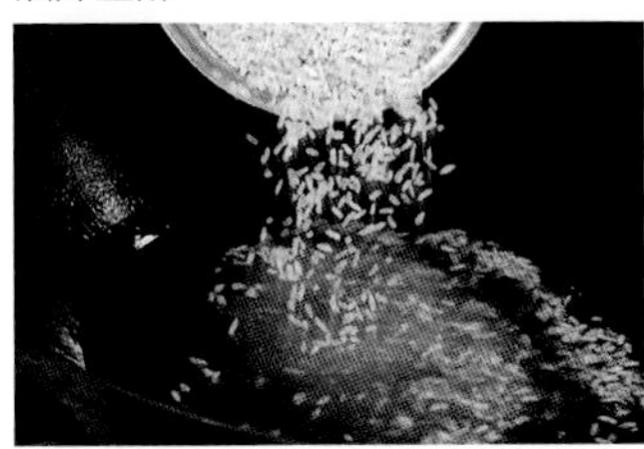

4.走菜时复炸至脆，配顶汤海鲜即可走菜

高汤海鲜泡饭

制作/刘焕庆

一大盆炒米、一大盘小海鲜，配上热砂锅和大铜壶，现场感十足且操作快捷，还不必再占用后厨炉灶。

制作流程： 1.糯米蒸成米饭后摊开吹干，至其缩回成米粒状后包保鲜膜密封冷藏保存，走菜时取出，入六成热油炸成米花，盛出备用。2.青口贝、斑节虾、海参片、花蛤、北极贝、笋片和广东菜心各少许分别汆熟，提前摆入平盘内。3.走菜时将米花、海鲜、盛有沸腾高汤的铜壶及提前烧热的砂锅一起端上桌，锅内先倒入海鲜，再盖上米花，最后冲入热高汤，盖上盖子焖5分钟后即成泡饭。

特点： 入口滚烫，香浓鲜美。

制作流程图

1.糯米入油炸成米花

2.控油后盛入黑碗

3.堂做时，先将海鲜倒入热砂锅

4.再倒上炸米花

5.冲入烧沸的高汤，扣上盖子

黄金海鲜石锅泡饭团

制作/成新林

炒好的米饭包入腐皮做成“石榴包”，放入热石锅，冲入南瓜汤，热气腾腾，创意新颖。

制作流程：1.净锅内放入蒸熟打碎的南瓜蓉500克、开水1千克、家乐鸡汁50克、家乐海珍酱10克小火熬匀、烧沸。蓝贻贝飞水至刚开口。石锅烤至250℃，底部铺入少许炒香的蘑菇。2.锅内放底油，下入蒸好的米饭100克、玉米粒20克、鸡蛋碎20克炒香，调入海珍酱5克继续炒至米饭颗颗分明；盛出后凉凉，用一张腐皮包成石榴状，收口扎紧后入热油炸至外皮起脆、颜色金黄，捞出控油，摆入热石锅内，旁边围上汆过水的蓝贻贝。3.将烧沸的南瓜汤250克盛入壶内，与石锅一起端上桌，由服务员当堂浇在炸好的饭团上，热气腾腾，香气扑鼻，此时用刀叉将“石榴包”划开，用勺子连汤带饭一起食用。

特点：香气浓郁，就餐气氛热烈。

制作流程图

1.包好的“石榴包”入油炸至金黄

3.浇入南瓜汤后用刀叉划开“石榴包”

2.摆入热石锅，旁边围上蓝贻贝

4.汤、饭、海鲜拌匀后一起食用

鸡汤石锅稀饭

制作/何宏杰

具有活血化瘀功能的藏红花既是药材，也是一种很好的烹饪调料，微苦回甘，不仅不会遮住食材本身的鲜味，还能起到祛腥增鲜的作用。这里用藏红花水、豌豆泥熬鸡汤，当堂烹制稀饭，给食客一碗温暖的抚慰。

原料的初加工：1.泰国香米5千克洗净沥干，加清水浸泡4小时，捞出放入托盘，上笼大火蒸熟，取出拨散，放在阴凉通风处晾一天，入冰箱冷冻6小时至米粒变硬。2.红腰豆入清水浸泡一夜，沥干放入托盘，上笼蒸熟。

走菜流程：1.锅入宽油烧至六成热，先下入冻米100克，小火炸至颜色浅黄，再倒入冻米150克，待先前所下的米粒变得金黄酥脆，捞出沥油，盛入烧热的石锅，上面放蒸熟的红腰豆100克、菜心（洗净切段）100克，带烧热的鸡汤一壶即可走菜。2.上桌后，服务员当着客人的面向石锅内倒入鸡汤，霎时间汤汁沸腾，不断冲煮米粒，加盖焖1分钟，开盖即可食用。

豌豆鸡汤的制作：1.藏红花2克加热水1千克浸泡至出色、出味，打去渣子，即成藏红花水。2.干豌豆100克泡软、去皮，放入高压锅中，加猪骨汤1千克压15分钟至软烂，即成豌豆泥。3.锅入鸡油80克烧至五成热，下入豌豆泥小火炒至翻沙，倒入鸡汤5千克大火熬15分钟，打去渣子，调入适量盐、味精，放藏红花水50克搅匀即成。

制作关键：炸米时要分两次下，第一拨炸至微黄时再放第二拨米粒，这样一锅稀饭能呈现焦香脆口、外脆内软两种不同的口感。

1.冻米分两批下入油锅炸制

2.炸好的米粒装入热石锅，放红腰豆、菜心碎，上桌后浇入鸡汤加盖焖1分钟即可食用

粒粒贵妃泡饭

制作/司徒剑泉

这款泡饭中用到了两种米——提前蒸熟的大米快速吸收虾汤的鲜美滋味，香气醇厚、软糯可口；而炸好的香米色泽金黄，倒入砂锅时“噼啪”作响，让用餐气氛更加热烈。

批量预制：每个砂锅中放入洗好的大米80克，添清水100克，送入蒸箱蒸成米饭，然后置于蒸箱中温度较低的位置保温。

走菜流程：1.锅入宽油烧至八成热，下提前蒸熟的泰国香米100克炸约1分钟至金黄，捞出沥油后盛入小碟。2.虾仁35克入沸水汆烫片刻，捞出沥干后拉油。3.锅入底油烧热，下猪梅肉丁80克煸约30秒，盛出沥油。锅内加香菇丁25克、菜脯粒15克煸香，放入炒好的猪肉丁、拉油的虾仁翻炒几下，添虾汤1000克，调入盐10克、白糖2克、鸡粉2克大火烧开，起锅倒入盛有米饭的砂锅中，撒熟白芝麻粒10克、香菜碎5克、香葱花5克，带炸好的香米即可走菜。4.上桌后，由服务员将炸香米倒入砂锅中，搅拌后即可食用。

虾汤的制作：锅入花生油300克烧至四成热，下明虾碎（明虾洗净，挑去虾线后捶碎）10千克不断翻炒至香气逸出，起锅盛入不锈钢大桶中，添清水15千克，大火烧开后转小火熬2个小时（此时虾汤之浓稠可达到挂勺的程度），滤去渣子，约得虾汤10千克。

注：菜脯是产自广东潮州的一种萝卜干，与潮州咸菜、鱼露并称为“潮汕三宝”。

制作流程图

1.提前熬好的虾汤

2.蒸熟的泰国香米入锅炸至金黄

3.香菇丁、菜脯粒入锅煸香，放入猪肉丁、虾仁翻炒几下，倒入虾汤，调味烧开

4.倒入盛有米饭的砂锅中，撒白芝麻粒、香菜碎等，带炸好的香米即可上桌

手做温润鱼汁泡饭

制作/谢志勇

这款泡饭以堂烹形式上桌，极受客人欢迎。食用前先将海鲜、时蔬放入鲫鱼汤煮香，盛进小碗后舀入炸酥的阴米，可依照个人喜好选择浸泡的时间，使泡饭呈现出或酥脆或软烂的口感，焦香浓郁，非常有趣。

制作流程图

阴米的初加工：1.大米5千克入清水浸泡24小时，取出入沸水煮5分钟，待用手轻轻一捏就碎，捞出沥干，在竹筐内摊开，放于阴凉通风处晾干即成阴米。2.锅入宽油烧至七成热，下入阴米炸至金黄酥脆，捞出沥油备用。

走菜流程：1.取炸酥的阴米500克装入大碗，带鲜虾100克（去头、去壳）、泡发的云南野生小木耳（提前汆水）、香芹粒80克、水发海参粒70克、金针菇段60克、蚌仔片30克、火腿丁10克，以及鲫鱼汤1千克（已放盐、胡椒粉等调入底味）、卡式炉一同走菜。2.上桌后由大厨堂烹制作。先将盛有鲫鱼汤的锅放在卡式炉上烧开，依次下入海参粒、小木耳、火腿丁、金针菇段煮1分钟，再下入鲜虾、蚌仔片煮1分钟，最后倒入香芹粒搅匀关火。将泡饭分别盛入小碗，再各舀入一勺阴米即可端给客人。

1.所有原料摆上桌子，准备堂烹

2.经过泡、煮、晾、炸四步，普通大米变为金黄酥脆的阴米

3.云南野生小木耳每个只有小指甲盖大，肉厚且脆

4.鲫鱼汤烧沸，依次下入所有原料

5.煮熟后盛入碗中，舀入一勺阴米即可上桌

1.米饭团成球

2.饭团炸至金黄后盛入位盅，浇上菜梗汤

3.将锅巴球戳开泡进汤内食用

上汤锅巴球

制作/汪林

制作流程： 1.泰国香米饭蒸熟后团成直径5厘米的球，下入八成热油中炸至表面金黄，盛入位盅；小棠菜取梗切丁。2.净锅入底油烧热，撒姜末3克煸香，添高汤200克，加菜梗丁30克烧开，放盐、鸡汁各2克调好底味，浇入位盅内即可上桌。

特点： 食用时将锅巴球戳开泡进汤内，兼具香脆与软糯的口感。

技术探讨

Q：制作米饭团时不用放点糯米吗？

A：这道菜对饭团的口感要求是外酥脆内松散，如果掺入糯米的话，炸出来的饭球口感就会外硬、内黏。

石锅泡饭

制作/吕照双

米饭加蛋黄拌匀，经风干、炸制两步制成锅巴，走菜前再加海鲜、高汤煮制，比大米泡饭多了股焦香，非常好吃。

锅巴的初加工：1.大米5千克放入清水中浸泡4小时，捞出沥干水分放入托盘，上笼大火蒸熟。

2.蒸好的米饭搅散、摊开、凉凉，加入咸蛋黄碎500克拌匀，摊开风干一晚，分批下入六成热油，保持小火，浸炸2~3分钟，待米饭颜色变黄、表面变得凹凸不平，捞起沥油，装入保鲜盒备用。

走菜流程：石锅烧热，放入筒骨高汤800克，加炸好的锅巴100克、大虾干40克（提前放入温水泡软）、蒸透的干贝丝10克，大火烧开转小火煮5分钟，起锅前放入巴沙鱼丁30克、广东菜心碎80克，调入盐4克、白胡椒粉2克搅匀即可上桌。

制作关键：1.米饭加蛋黄拌匀后最好摊开风干一晚，炸制后会更脆更香。2.巴沙鱼是一种深海鱼，肉质洁白细嫩，通身只有一根大骨，可用龙利鱼肉代替。

石锅桃胶鸡肉泡菜饭

制作/李永雄

一款普通的鸡肉捞饭，因为有了桃胶的加入而身价倍增，上桌时搭配了一碟炸酥的高粱米，“桃胶+粗粮”两种养生元素“双剑合璧”，很受食客喜爱。

提前预制：干桃胶用冷水浸泡一夜涨发，洗净杂质，再泡入清水，入保鲜冰箱保存。

制作流程：1.净锅滑透，留少许底油烧至五成热，下泡椒20克、小米椒圈20克炒香，下鸡肉粒50克炒匀，加胡萝卜丁、玉米粒各50克和飞过水的桃胶50克翻匀，倒入鸡清汤600克大火烧沸；下米饭200克再次煮沸，转小火熬至汤汁浓稠，下黄瓜丁50克，加盐5克、鸡精3克、味精3克、鸡汁2克调匀，盛入石锅。2.走菜时配一碟炸好的高粱米，由服务员倒入石锅内翻匀即可请客人食用。

1.桃胶等小料入锅炒香

2.煮好的桃胶饭装入滚烫的石锅

制作流程图

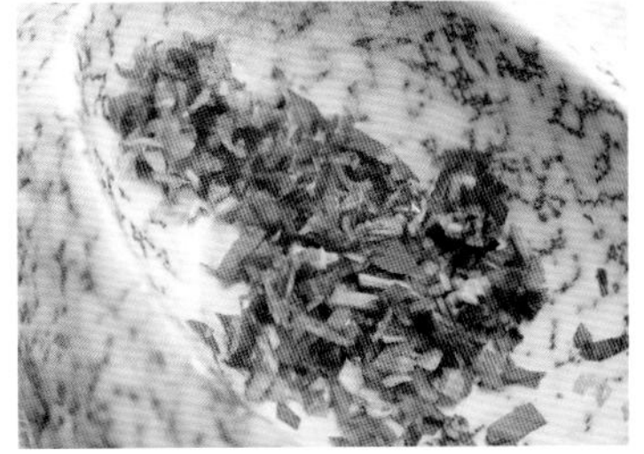

1.碗入香菜碎、香菇丁

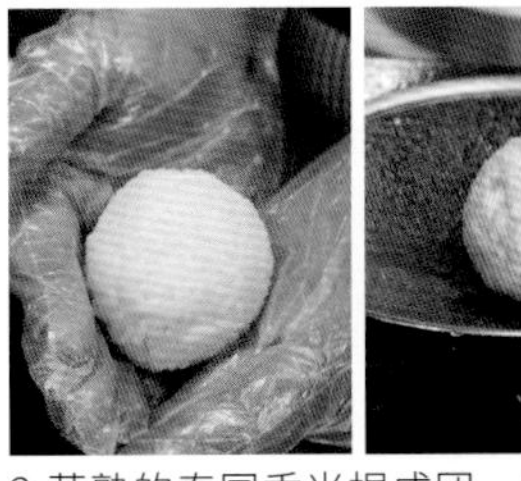

2.蒸熟的泰国香米捏成团，炸至表面金黄

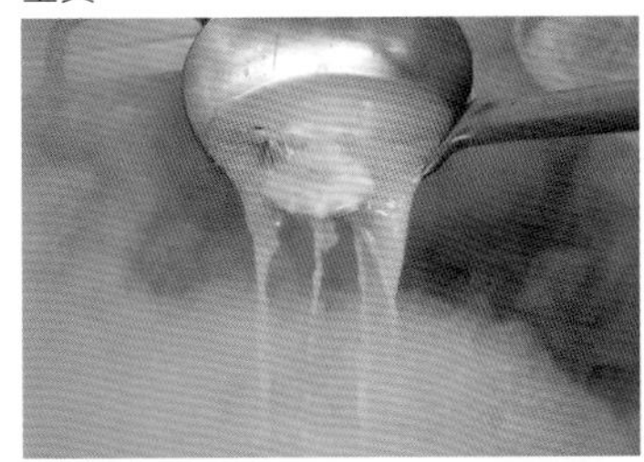

3.虾汤入锅烧沸调味

4.浇入碗中

5.用餐时将饭团压扁，拌匀虾汤

虾扯蛋 (位上)

制作/史增龙

虽然被叫做“虾扯蛋”，但中间那个黄黄的圆球其实是炸过的饭团。食用时将饭团按扁，拌匀底部的虾汤，口感有炸的酥脆、蒸的软糯，满嘴虾的鲜美。

制作流程：1.在小碗中放入香菜碎15克、香菇丁8克（提前氽熟）、香葱5克备用。2.取蒸熟的泰国香米70克团成圆球，下入七成热油炸至表面金黄，捞出沥油，摆入小碗。3.锅入虾汤100克烧沸，调入三花淡奶5克及少许盐，放入开背明虾1只煮熟，捞出摆在香米团旁边，再浇入虾汤即可上桌。

虾汤的制作：锅入色拉油500克烧至五成热，下入姜片20克炸香，放鲜活小明虾2.5千克，大火炒至颜色变红，期间不断用手勺砸向虾身，以便虾脑溢出，冲入清水7.5千克，大火烧开转小火吊1小时，打去渣子即成。

招牌虾膏泡泸沽湖红米饭

制作/姚川

此菜有三大亮点：第一是变粗为细，泸沽湖红米口感较为粗糙，而用捞饭的方法制作，加入虾膏浓汤拌匀食用，让其口感变得松软滑润；第二，此菜中的虾膏汤借鉴了法式浓汤的做法，先用黄油将洋葱、芹菜、胡萝卜、基围虾等炒香，再添白葡萄酒、蛤蜊汤、虾膏酱、番茄酱煮1个小时，最后加入南瓜蓉、淡奶油等搅匀，色泽黄亮，鲜香扑鼻；第三是物尽其用，煮虾膏汤的中途捞出基围虾，将虾壳、虾头放回汤中，而虾肉则于走菜时放在米饭表面上桌，让食客既能吃到虾味，又能看到虾肉。

上桌后，将虾膏浓汤倒入红米饭中，滚烫的汤汁瞬间冒起大泡，嗞嗞作响，使用餐气氛更加热烈。

虾膏汤的制作： 1.锅入黄油250克，下洋葱丝750克、蒜片600克翻炒出香，加胡萝卜丁500克、芹菜丁500克、葱段200克炒15分钟，倒入基围虾1千克翻炒2分钟，添白葡萄酒1.25千克中火煮沸，当锅内汤汁浓缩至一半时，起锅倒入桶中，加蛤蜊汤（蛤蜊、干贝、火腿加清水熬制而成）7千克、潘泰牌虾膏酱1千克、番茄酱250克搅匀；大火烧开后捞出基围虾，剥壳后虾肉留用，将虾头和虾壳再放回桶中，保持小火煮1个小时。2.将煮好的虾汤滤去料渣，加南瓜蓉250克调色，搅匀后再煮10分钟，倒入淡奶油400克，调入盐80克、柠檬汁65克搅匀后即可关火。

批量预制： 1.红米2千克淘洗干净后入清水中泡30分钟，然后盛入托盘，添清水至没过红米1.5厘米，送入蒸箱蒸50分钟至熟透。2.芦笋切成丁，入宽水（清水中加适量盐）汆熟，捞出待用。3.锅入熬好的虾膏汤2千克烧开，倒面捞（锅入黄油200克烧至溶化，加过筛的面粉450克，不停翻炒至面粉微黄、香气逸出，盛出即成面捞）250克搅匀即为虾膏浓汤。4.在每个茶壶内灌入虾膏浓汤350克，放入蒸箱保温。5.制作虾膏汤时留出的基围虾肉切碎待用。

走菜流程： 1.石锅提前入烤箱加热至200℃，放入蒸熟的红米饭500克，依次撒汆熟的芦笋丁40克、基围虾碎35克，带一壶虾膏浓汤即可走菜。2.上桌后，由服务员将茶壶内的虾膏浓汤倒入石锅中，充分搅匀后放置3~4分钟即可食用。

第三章

捞饭 & 拌饭

捞饭一般是指主菜配米饭的菜式，顾客边吃主菜边用汤汁捞拌米饭食用，菜点合一，米饭如同一张白纸，衬托出主菜的绮丽味道，主菜的汤汁则为米饭增添了一股妖娆。除此之外，本章还为读者呈现多款“菜饭合一、上桌后拌匀食用”的美味拌饭。

鲍鱼石锅捞饭（位上）

制作/李季

米饭用蓝蝴蝶花水染色，精致淡雅；盛器换为石锅，磕入生鸡蛋，浇浓汤浸熟，上桌后汤汁咕嘟冒泡，颇有氛围。

批量预制：1.蓝蝴蝶花200克放入盆中，加开水3千克浸泡，待水变成蓝色，沥去渣子，留“蓝水”待用。大米淘洗干净，放入电饭锅中，添蓝水没过主料3厘米，合盖蒸熟，就能做出漂亮的蓝色米饭，不必取出，继续在锅中保温存放。2.选用十头的大连鲜鲍，刷洗干净，无须去壳和内脏，摆入托盘，放葱段、姜片，淋料酒，大火蒸8分钟至熟，然后取出去掉外壳和内脏备用。3.小石锅洗净，放入预热至300℃的烤箱加热2小时。

走菜流程：1.舀出米饭50克，用模具扣成圆柱形，压实后去掉模具。2.铁板烧热，放黄油溶化，下入鲍鱼1个，撒少许玫瑰盐煎出香味；取一口小石锅，淋葱油10克，打入土鸡蛋1只，旁边摆入煎好的鲍鱼。3.锅入浓汤50克、鲍汁2克烧开搅匀，倒入石锅中，再放上米饭墩，撒香葱碎10克即可上桌。

制作流程图

1.蓝色米饭装入模具

2.扣成圆柱形

3.提前熬好的浓汤

4.米饭、鲍鱼、浓汤、鸡蛋在热石锅中交汇，香气融合

臭鳜鱼捞饭（位上）

制作/孙文强

清新的西蓝花米饭墩上盖一块烧至入味的臭鳜鱼，卖相精巧，吃起来鲜香浓郁。

制作流程（四位量）： 1.炒制西蓝花米饭：五常大米添加等量清水，蒸至刚熟；西蓝花飞水后捞出切末、挤干水分。净锅上火，添油烧热后倒出，下入西蓝花末50克、盐5克炒干、炒散，倒入米饭约250克小火翻炒均匀，用模具分别在盘中扣成小圆墩。2.臭鳜鱼一条净重约700克，去掉头、尾、骨后取净肉切成四块。锅上火放生菜籽油15克炼熟，再下猪油15克熬化，倒入蒜丁15克、姜丁15克、五花肉片30克、干辣椒3个（切段）煸炒出香，放入鱼块煎至两面上色、香味逸出；烹黄酒15克，淋高汤没过原料，调入鸡饭老抽10克、鸡精5克、糖3克、胡椒粉2克、香醋2克、白酒2克，中火烧约8分钟后大火收浓汤汁，挑出鱼块分别摆放在米饭墩上，浇入少许锅内余汤即可。

特点： 鱼肉香气浓郁，炒饭清新养眼，汤汁渗入米饭后拌匀食用，滋味堪称一绝。

1.西蓝花末干煸出香

2.倒入米饭炒匀

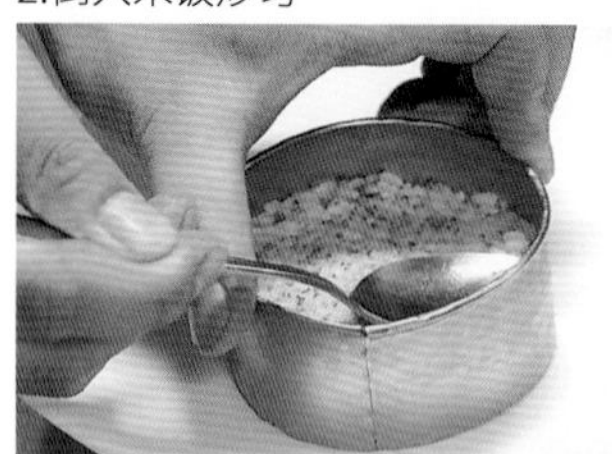

3.在盘中扣成圆墩

4.臭鳜鱼改刀成块后烧入味。摆在米饭墩上，淋入原汁

海肠烧椒捞饭

制作/于虹

大红椒上烤网，加孜然粉、辣椒面烤出煳斑，盖在海肠捞饭上，颜色亮丽，煳辣浓香，口感丰富。

制作流程：1.**煲米饭：**砂煲中加入东北稻花香大米300克，添清水没过米粒两指，上小火加盖煲20分钟即成。2.海肠200克宰杀洗净，切成1厘米见方的小段，入沸水中焯3秒至变色，捞出沥净水分待用。3.锅入花生油50克烧热，下五花肉末100克煸炒至吐油，加葱段、蒜瓣、蚝油、味极鲜酱油各10克，味精、鸡精各8克，白糖5克炒匀；下韭菜末75克，倒入海肠段翻匀，添高汤50克煨15秒，淋少许明油，出锅盖在米饭上。4.**烤红椒：**在加工海肠的同时，将大红椒洗净，放在烤网上烤干水分，两面均匀地刷一层花生油再烤3分钟，撒孜然粉、辣椒面、盐各少许，继续翻烤1分钟至表面出现煳斑即可。5.烤好的红椒切段，按原形摆放在海肠捞饭上，撒炸蒜片20克即可走菜。

制作关键：大米改蒸为煲，米饭颗粒分明，软糯又不失Q弹，且米香气更浓。

制作流程图

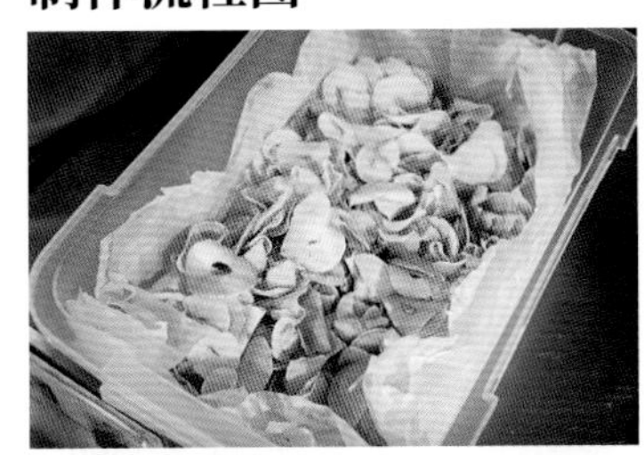
1.炸好的蒜片

2.锅入花生油烧热，下肉末煸出油分

4.放韭菜末、海肠段炒匀

6.烧辣椒改小段，放在海肠捞饭旁边

黑蒜核桃红枣
烧娃娃鱼配姜丝松茸菜饭（位上）

制作/邵明

娃娃鱼，学名中国大鲵，号称“水中黄金”，肉质细腻鲜嫩。野生娃娃鱼是国家二级重点保护动物，体重为20~25千克，最大的体重可达50千克。人工养殖的娃娃鱼可以销售，其售价约为每千克200元左右。这里选用重约2千克的养殖娃娃鱼，取肥厚丰腴的中段，以传统菜“红烧冰糖河鳗”的方式来烹制，以姜丝祛腥、红枣增甜、核桃增香，能够更好地呈现食材的肥糯口感，走菜时搭配上海特色主食“菜饭”，并在其中添加时令菌类松茸，内容、色彩都很丰富。

制作流程：1.锅内淋少许猪油烧热，下米饭80克、青菜末10克、松茸末10克，调入少许盐炒匀，用模具在盘内扣成圆柱状。2.人工养殖娃娃鱼先剁去头部、放净鱼血，入开水中关火焖1分钟，捞出后用刀背刮净黏液、去掉腥味，取中段切块（每块重约150克），入六成热油中浸炸至表皮变色。3.锅留底油，下葱段、姜片各少许爆香，放入鱼块略翻，烹料酒，添清水没过主料，加入核桃仁15克、红枣2个，调入冰糖15克、酱油5克、胡椒粉1克、盐3克，大火烧开后转文火焖5分钟；放入黑蒜1粒，继续焖15分钟左右，收汁后出锅，将鱼块摆放在米饭墩上，顶端点缀核桃仁、炸姜丝，旁边摆放红枣、黑蒜粒、汆水的菜心，盘底淋少许原汁即可。

特点：饭菜一体，吃完鱼肉后将汤汁与米饭拌匀食用，再以两棵菜心清口，搭配非常合理。

黑蒜

怀旧猪颈肉盖饭

制作/饶普安

这道盖饭无论是米饭还是菜码都很有特色。米饭用鱼汤蒸制而成，并拌入豉汁和卤水；用来做菜码的猪颈肉先入湘式卤水中卤熟，再加入蒜苗炒香，滋味浓厚。

制作流程：1.洞庭湖特级大米250克淘洗干净，入冷水浸泡20分钟，捞出放入锅仔，添入鲫鱼汤（高度以没过大米两指为准）大火煮10分钟；加入自制豉汁30克小火煮3分钟，然后加入湘式香辣卤水25克，继续保持小火煮7分钟至汁水收干，保温留用。

2.猪颈肉5千克切大块，入沸水焯透，放入湘式卤水中小火卤30分钟，捞出改刀成片；锅入猪油500克烧至五成热，下入姜末50克煸香，下入卤好的肉片，调入海天红烧酱油140克、味精100克、蚝油50克，撒蒜苗200克翻炒均匀即可出锅。3.走菜时取一煲米饭，盖入炒好的猪颈肉250克即可上桌，食用时由服务员将饭菜拌匀。

自制豉汁：不锈钢汤桶倒入清水2.5千克，放入葱段、胡萝卜片、芹菜末各100克，姜末、香菜、洋葱丝各50克，调入李锦记蒸鱼豉油、生抽各100克，美极鲜味汁、家乐辣鲜露、冰糖、老抽各50克，大火烧开转小火熬1小时，打渣即可。

特点：香辣可口，米饭软糯。

制作关键：煲饭时一定要将汤汁收干，至锅底起一层焦黄的锅巴，这样汁水的香味才能充分融入米饭。

腊味饭

制作/粟红波

给一锅白米饭配上一碗炒香的腊肉腊肠丁、一碗自调豉油汁、一碟葱花香菜，上桌后现场拌制，气势十足。

制作流程：1.蒸好的湘西腊肉、腊香肠各25克切丁，飞水待用。锅入底油，倒入腊肉、腊香肠丁炒香，淋红烧酱油2克、味精1克翻匀，盛入碗中。2.**调制豉汁：**高汤100克、蒸鱼豉油30克、生抽20克、美极鲜味汁10克、红烧酱油10克调匀。3.焖好的泰国香米饭一锅重约500克，配一小碗炒好的腊肉、腊肠丁、一小碗豉汁约25克、一小碗葱花、香菜末上桌，由服务员当堂拌匀即可。

制作关键：焖饭时可加入50克猪油，香气更浓。

妈妈的铁锅饭

制作/黄勇

酱油拌饭升级为辣椒炒肉拌饭，上桌后拌匀加盖略焖，菜饭合一、浓香四溢。

蒸米饭：大米3千克用清水淘洗干净，放入不锈钢盆中，加猪油50克搅拌均匀，添清水（高度需没过大米一指），入蒸柜蒸40分钟至熟。

制作辣椒炒肉：1.红灯笼椒300克洗净，切成滚刀块；五花肉、瘦肉各100克洗净后改刀成长3厘米、宽2厘米的薄片，瘦肉片加老谭味道酱油5克抓匀待用。2.锅入猪油30克烧至五成热，倒入五花肉片煸炒至吐油出香；加大蒜15克、豆豉3克炒出香味，下入红椒块，添高汤80克，大火炒出锅气，调入老谭味道酱油8克、盐3克、味精3克，继续大火翻炒至汤汁略浓，下入腌好的瘦肉片快速煸熟，出锅装入碗中。

走菜流程：1.盛一份白米饭进蒸柜回热，取出倒入生铁锅中，放在卡式炉上，带一碗辣椒炒肉上桌。2.由服务员或食客自己将辣椒炒肉倒入米饭中，开小火慢慢用木铲翻匀，然后加盖焖30秒，揭盖即可享用美食。

制作关键：1.蒸米饭时要加入适量猪油，蒸出后颜色透亮，口感香浓。2.辣椒炒肉需现炒现上，放置时间过长菜椒会变得软塌；米饭在上桌前也需回热，以缩短堂上加热时间。3.上桌后要开小火，否则会煳锅。加盖焖一会儿之后，底部便会出现锅巴，不爱吃锅巴的客人可以省略或缩短焖的过程。

麻辣海参捞饭

制作/文忠海

这款捞饭用石锅为盛器，洗净后先放入预热至300℃的烤箱加热40分钟，使石锅达到230℃的高温，汤汁盛入其中，能长久保持在72℃的热度，从而保证直到最后一口汤、饭下肚，依旧是滚烫的。

苞谷饭的制作：干玉米碎5千克纳盆，分次加入清水1250克拌匀，将其摊开放入托盘，大火蒸30分钟，取出拨散即成。

苦荞饭的制作：以市场上出售的半成品苦荞饭为原料，制作方法与苞谷饭基本相同，都是先将原料加清水拌匀至微微湿润的状态，再蒸30分钟至熟。

小肉丸的制作：1.面粉2千克、生粉400克、泡打粉20克、鸡蛋8个、猪里脊肉末800克、姜末40克、蒜末40克、盐35克、五香粉20克纳入盆中，加温水3.5千克搅匀成稀一点的面浆。2.锅入宽油烧至八成热，取一个漏勺置于锅上，舀一勺面浆，使其顺着勺子的孔眼漏入锅中，形成一个个小丸子，炸至金黄后捞出沥油即可。

关西参的处理：1.清水5千克加葱段400克、姜片400克、花椒300克，大火烧开转小火煮10分钟，关火倒入盆中，加盐40克、鸡粉30克搅匀，凉凉后打去渣子即成葱姜花椒水。2.关西参涨发、切条，快速汆水去掉异味，放到葱姜花椒水中浸泡40分钟进一步祛腥入味。

海参

麻辣汤的制作：每5千克浓汤加入自制油辣椒酱300克小火熬出香味，打掉渣子，调入自制海鲜粉200克补入底味，熬好的麻辣汤微辣、浓香，还带有淡淡的鲜味。

炒制油辣椒酱：1.干子弹头辣椒、干织金辣椒按照1∶1的比例混匀，入热水浸泡30分钟，捞出沥干绞碎。2.锅入色拉油5千克烧至五成热，下入姜蓉600克、蒜蓉600克、辣椒碎3千克炒干水汽，再放黑豆豉蓉700克、黄豆碎400克、花生碎400克、瓜子碎400克微火炒香，整个过程约需1小时，最后做好的酱料很像“老干妈香辣酱”。

调配海鲜粉：1.大葱900克剥去外皮，去掉老叶、烂叶，分层剥开成片。把葱片放入80°C烤箱烤4小时，期间注意观察，千万不要烤煳，等到葱片烤干后取出备用；土鱿1千克、大地鱼1千克、干虾米500克放入烤箱，调至120°C烤40分钟至干香；红灯笼辣椒籽300克入净锅小火炒香。2.步骤1处理好的原料一同放入料理机打碎，取出加味精250克、鸡粉250克、盐200克拌匀即可。

油辣椒酱

海鲜粉

堂烹流程：1.在烧至230°C的石锅内添入烧沸的麻辣汤300克，带苞谷饭、苦荞饭、大米饭各1小碗以及处理好的海参条40克、炸脆米30克、小肉丸30克、熟红腰豆20克、泡发的黑木耳20克、汆水的杏鲍菇丁20克一同走菜。2.上桌后，在沸腾的汤汁中先倒入海参、红腰豆、黑木耳、杏鲍菇丁，再倒入米饭，按照个人喜好撒入脆米、小肉丸。3.用木勺搅拌均匀即可。

制作关键：石锅捞饭最好选用不导热的木勺来操作，既避免金属对捞饭味道的破坏，也不会烫手。

原料上桌后，由服务员当堂烹制

堂烹流程图

1.汤中先倒入海参

2.放红腰豆、木耳、杏鲍菇

3.倒入米饭，放炸米、小肉丸

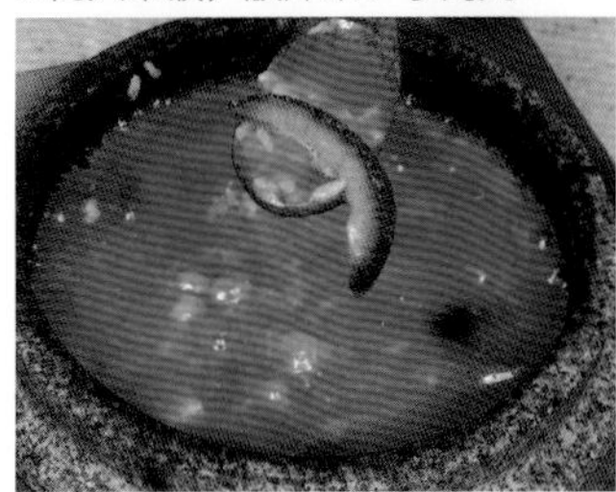
4.用小木勺搅匀即可食用

鳗鱼饭

制作/周蕾

以袋装烤鳗鱼制作石锅饭，非常便捷，搭配上肉末、红姜丝、甜脆萝卜、秋葵，五彩缤纷，口感丰富，点餐率很高。

制作流程：1.从超市买回的即食烤鳗鱼10条（袋装成品，已烤好入味，每袋2条，重约200克，售价12元）放入锅中，加入提前兑好的红糖酱油汁浸没原料，中火加盖煮3分钟，之后转小火收浓汤汁，关火取出鳗鱼，斜刀切成薄片，原汁留用。2.取一个直径为10厘米的韩式石锅提前放在火炉上加热，放米饭填平，表面铺鳗鱼6片，再放入炒熟的肉末30克、红姜丝15克、日式甜脆萝卜2片、秋葵1个（提前改刀成片，汆水至熟），再淋入鳗鱼原汁10克即可上桌。

红糖酱油汁的制作：清水、酱油、红糖、料酒按照8：2：1：1的比例兑匀即成。

蔓越莓烧肉饭

制作/赵鑫

用蔓越莓酱和酸梅汁炖五花肉，微酸微甜，还带有果香，很好地化解了肉的油腻，如此清爽的口感加上可爱的造型，自然赢得食客的倾心。

批量预制： 1.带皮三线五花肉3千克冲去血水，改刀成小块，入沸水煮10分钟，捞出冲去表面浮沫，沥干备用。2.锅入底油烧至五成热，下入姜片、葱段各70克爆香，加五花肉块小火煸出油分，待颜色金黄时将肉块拨至一边，在油中下入冰糖40克小火炒成糖色，拨回肉块翻匀；调入老抽35克小火煸炒至上色，放入清水浸没原料两指，加蔓越莓酱200克、酱油100克、酸梅汁80克、盐30克搅匀，大火烧开转小火炖1小时。

走菜流程： 1.舀出肉块和原汤共150克小火加热。2.利用模具将米饭做成兔子形。将两只“兔子”摆入盘中，用番茄酱画出“眼睛”和“鼻子”，沿盘边浇入回热的肉块和汤即可走菜。

农家大碗饭

制作/严友波

借鉴石锅拌饭的做法，选用当季蔬菜炒制后垫底，扣上泰国香米饭，再盖上一个生鸡蛋，上桌后由服务员将三者拌匀，开小火加热，菜香米香随着热气弥漫，越吃越想吃。

制作流程： 1.土豆切片、四季豆切段、胡萝卜切条，各取50克入沸水中焯至三成熟，捞出控水。2.锅入色拉油100克烧至五成热，下蒜子20克爆香；放入红烧肉丁50克煸出香味，加入土豆片、四季豆段、胡萝卜条，翻匀后加水250克，调入生抽25克、鸡汁20克、盐5克、鸡精5克，小火焖熟，盛入不锈钢汤锅中。3.盛一碗米饭压实，倒扣在菜上，米饭中间压出一个小坑，打入一枚生鸡蛋，带火上桌。

制作关键： 1.焖制蔬菜时保持小火，加水量以250克为宜，水太多鲜味会稀释，水少则易煳锅。2.米饭不要蒸得太软烂，否则扣不成型。

情天大圣海胆饭

制作/刘峰

这款海胆饭亮点十足：韩国定制的迷你小高压锅+北纬38度深海运来的海胆+日本产的秋田米+济州岛的幼海带芽，号称“一口吃遍三个纬度”。“北纬38度”正是大连所处的纬度，此地海水温度相对其他海域较低，海洋生物生长期长，所产鲍鱼、刺参、紫海胆等格外纯净鲜美；日本秋田县的大米天下闻名，Q弹浓香、粒粒晶莹；海带芽多产于日本、韩国海域，中国大连近海也有出产，这是一种细小的海菜，口感比海带细嫩，鲜度很高，市场上多为干货。

海带芽

制作流程： 1.鲜海胆取肉，放入少许葱姜汁、料酒、盐腌渍约2小时，然后入纱布包起，放在两张细网筛中间，用重物压2~3小时，排出海胆中多余的盐分和水分。这种海边渔民发明的传统加工手法，充分保留且浓缩了海胆的鲜度，风味独特。2.取一口小高压锅，放入淘洗干净的秋田米220克、海胆肉30克（约1只海胆）、干海带芽5克、干香菇丁15克、清水（刚刚没过大米即可），盖上盖子高压7分钟即成熟。3.走菜时将迷你高压锅放入托盘内，带一壶烧沸的昆布清汤（用昆布、木鱼花、淡口酱油加清水熬制而成）、两个味碟（一个盛有香葱花，另一个盛炸天妇罗花和海苔丝各20克）一起端上桌，由服务员将锅盖打开，趁热浇入昆布清汤，将米饭用勺子拌匀，分别盛入小碗中，按各自口味添加葱花等小料即可。

上桌时米饭带一壶汤、俩味碟

浇汤后拌匀食用

七彩捞饭

制作/王富春

这道饭的特别之处有两点：首先，将七种颜色各异的小料撒在米饭上，看起来就像一个七彩风车，十分吸引眼球；其次，吃法很别致，先将蛋液浇入酸汤锅里，然后把蛋花酸汤舀入碗内变成泡饭，一碗之内品尝多重口感。

酸汤的制作：1.发酵番茄酱：选用红果番茄（颜色红、香味浓，但果汁含量比普通番茄少一些，每个有鸭蛋大小）25千克洗净，去蒂、去皮，放入机器打碎，装入坛中密封，置于阴凉避光处发酵26天，此时番茄的果汁与肉分离，表面生成一层白膜，味道更酸，且带有发酵香气。2.**熬高汤：**锅入底油烧至五成热，下入鱼骨4千克煎香，倒入汤桶，加老鸡3只（重约2.5千克/只，需提前汆水），注入清水50千克，添适量葱段、姜片，大火烧开转小火吊4小时，滤去渣子，约得高汤40千克。3.**兑酸汤：**在高汤中加入发酵番茄酱10千克，中火熬10分钟，放鲜红小米椒（打碎）2千克、干香茅草段1.5千克、酸角（这是产自热带、亚热带的一种水果，分为甜酸角、酸酸角两种，前者甜中带酸，多直接食用，而后者酸味较重，常用于为菜品调味。此款酸汤中使用的是酸酸角，去掉外壳、内核，只留果肉）1.2千克、大芫荽段700克、柠檬叶500克、九层塔500克、南姜片400克、山柰300克、傣花椒150克（产自滇南，个头很小，只有四川花椒一半大，味道香而不麻，且带有一股淡淡的陈皮味道）、香叶40克，加适量盐小火熬5分钟，放入新鲜番茄碎5千克继续熬30分钟，关火滤去渣子即可。

批量预制：1.炸鸡蛋碎：锅入宽油（鸡油、菜籽油按照1:1的比例兑匀）烧至四成热，下入鸡蛋液炸成蛋松，捞起沥油，入酸汤煮2分钟，再次捞起，放在净布中吸干水分，剁碎待用。

2.炸脆米：蒸熟的米饭5千克搅散、摊开、凉凉，加入咸蛋黄碎500克拌匀，摊开风干一晚，第二天分批下入六成热油，保持小火，不断翻搅浸炸2~3分钟，待米饭颜色变黄、表面变得凹凸不平，捞起沥油备用。

3.盛米饭：取黑色大碗装入米饭600克，抹平表面，再依次填入紫皮洋葱碎、豇豆丁（提前汆水至熟）、番茄丁、炸鸡蛋碎、大头菜碎、炸脆米各70克，顶端点缀大芫荽末5克上桌。

预制流程图

1.鸡蛋炸成蛋松，捞起入酸汤煮2分钟，再次捞起，挤干、剁碎即成鸡蛋碎

2.一碗捞饭用到七种小料

3.客人下单后端上一碗即可走菜

堂做流程图

1.客人下单后，带七彩捞饭、一锅酸汤、两个鸡蛋即可走菜。上桌后先将鸡蛋磕入小碗打散

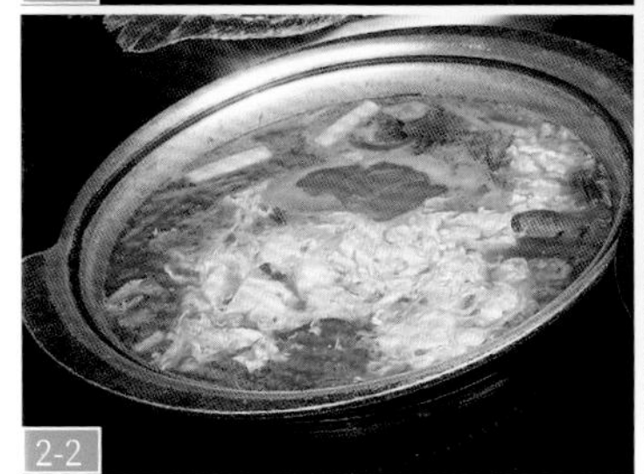

2-1、2-2.酸汤用电磁炉或卡式炉烧开，倒入蛋液煮成蛋花

3-1、3-2.将蛋花带酸汤一同舀入捞饭中，拌匀即可食用

松茸神仙饭

制作/谢峰

将大米加松茸水浸泡，然后铺松茸片蒸熟，最后浇上卤肉碎，成品富有多重香气。

制作流程： 1.冰鲜松茸500克洗净后改刀成片，加清水5千克小火煮5分钟，捞出松茸，留水备用。2.东北五常大米洗净，与松茸水按照1：1比例兑匀浸泡40分钟，每50克大米分装入小盅，各点入香油1克，大火蒸10分钟，铺上松茸片10克再蒸至全熟。3.客人下单后，取出一盅米饭，在表面淋入卤肉酱20克，带一碟卤汁走菜，上桌后由客人按照喜好浇入卤汁拌匀食用。

卤肉酱的制作：

调制原香红卤： 1.猪棒骨（敲破）10千克、猪头骨7.5千克、猪肋排2.5千克汆水沥干，放入汤桶，添清水35千克，大火烧开撇去浮沫，转小火吊6小时，停火滤渣，约得底汤25千克。2.锅入色拉油、鸡油各500克烧至五成热，下鲜红小米椒500克、京葱段300克、香葱段150克、姜片150克炸至焦黄，捞起装入纱布袋制成蔬菜包；在油中下入干红辣椒段60克、干红花椒50克、八角40克、小茴香30克、香叶30克、桂皮25克、草果15克、灵草10克、排草10克、罗汉果3个（掰开）炸香，捞起装入香料包。3.锅入底油烧至五成热，下入甜面酱250克小火炒出香味，添中坝红酱油2瓶、糖色200克熬香备用。4.底汤中放入蔬菜包、香料包，加炸香料的油以及步骤3中炒好的酱汁，添盐500克、味精200克熬开即可使用。

注意： 1.炸辣椒、花椒、香料时不可过火，待辣椒颜色变为棕红便要捞出，否则会把味道炸“死”，加热后散发不到卤水中。2.中坝红酱油产自德阳，红褐发亮、汁液浓稠、咸中带甜，可用黄豆酱油加红糖熬制后代替。瓶装的红酱油亦需熬一下后再倒入卤水中，色泽更亮、味道更浓。

卤制： 1.选用黑金土猪的带皮五花肉10千克，燎烧去尽余毛，刮洗干净，改刀成长条块，在表皮上抹一层糖色，下入三成热油小火浸炸30分钟至八分熟，捞出下入烧沸的原香红卤中煮5分钟，关火浸泡90分钟。2.原香红卤、高汤按照1：1的比例熬匀成卤汁。卤猪肉切成碎末，淋入少许卤汁即成卤肉酱。

野米招牌大饭

制作/王卫

这款招牌主食的卖点在于好吃又好玩：白米、黑米、野米蒸熟，分层装入盛器中，上面再盖入炒好的料头，油润鲜香，滋味十足；盛器为特别定制的大铜缸，上桌后当着客人的面将缸内原料倒入深盘拌匀食用，使米饭也带上仪式感。

制作流程： 1.野米入冷水浸泡一晚，第二天取出放入托盘，添清水至刚刚超过表面，入蒸箱蒸40分钟至米粒开花，取出拨散凉凉；大米、黑米亦分别泡透、蒸熟，每500克白米饭拌入炒盐4克，拨散凉凉。2.在铜缸内依次填入白米饭100克、黑米饭40克、野米饭60克。3.猪后臀尖瘦肉切成大片，加葱姜水、料酒、盐、淀粉、蛋清抓匀上浆，入平底锅煎至定型后盛出；笋片、豌豆提前汆水备用；小香菇泡透、汆水。4.锅入底油烧至五成热，放煎好的肉片80克、笋片80克、小香菇30克炒干水汽，淋酱油20克、高汤50克翻炒2分钟，依次撒入熟豌豆30克、油酥花生米40克、虾皮20克翻匀，起锅装入铜缸内，带一个深盘即可走菜。上桌后，服务员当着客人的面将铜缸内的原料倒入深盘，拌匀后分装入小碗递给客人食用。

炒盐的制作： 净锅炙热，下入盐500克，放花椒15克、八角15克、草果8克、香叶7克、小茴香5克、干辣椒5克，小火翻炒至香味逸出时盛出，将盐与香料混合打碎即可。

制作关键： 野米形状细长，质地硬实、紧密，需提前浸泡一晚，并加足量的水蒸制，蒸好后并不会涨得太大，口感非常筋道，比一般的大米更有嚼劲。

1.三种米蒸熟，依次盛入铜缸

2.锅入肉片、笋片、香菇等料，浇酱油、高汤翻炒2分钟

3.上桌后，将铜缸内的饭菜倒入盘中拌匀，再分装入小碗递给客人

鱼翅捞饭

制作/孙泽豪

这款捞饭选用牙拣小排翅，整片发制而成，以自熬浓汤煨入味，搭配炒至干爽的泰国香米饭，外金黄、内洁白，上桌后顾客将米饭推到浓汤中，炒干的米粒迅速吸收浓汤的鲜香，入口醇厚Q弹，很有满足感。

熬制粤式浓汤

选料：黄油鸡15千克，老鸡12.5千克，排骨3.5千克，筒子骨5千克，猪皮2.5千克，水鸭1只。

熬制：1.黄油鸡去除腹内鸡油，与老鸡、排骨、筒子骨、猪皮、水鸭一起焯水，捞出洗净。2.金华火腿250克洗净，加入适量清水蒸20分钟，滤出火腿汁保存；干贝150克焯水去掉杂质，加入适量葱、姜、清水蒸20分钟，滤出的汁水也不要扔掉，可以用来给其他菜品提鲜。3.把焯过水的黄油鸡、老鸡、排骨、筒子骨、猪皮、水鸭盛入汤桶，加入清水60千克，大火烧开后转小火煮3个小时，放入金华火腿、干贝，继续小火煮3小时，最后开大火翻滚40分钟至汤色金黄、水乳交融，滤掉料渣后约得浓汤30千克。滤出的料渣可以再次添加适量清水煮成二汤，用于其他菜品。

发鱼翅：1.鱼翅依据涨发后的形状可分为排翅和散翅两大类，前者质量相对较好，涨发时无须挑下翅丝，而是以竹篾夹住保持形状，使翅丝通过柔软的骨膜连在一起，发好后呈扇形或梳子形。此菜所选用的牙拣翅是个头较小的排翅，价格较低，约1300元/千克，呈片状。发制时先将其入清水浸泡2小时，漂洗掉泥沙，捞出后盛入盆中，加满清水，放少许葱、姜，覆膜后蒸1小时，此时鱼翅已经回软。2.取出蒸好的鱼翅，用竹扦把表面的白色外皮剔刮干净，保留翅丝之间的骨膜，然后一片片摆入竹篾上，再盖一块竹篾，用牙签别起来夹牢，再次投入盆中，加清水以及葱、姜，密封后继续蒸1小时，取出后用指甲掐一下试试，若很容易掐断则说明发制完成，挑出浸入清水中保存；未达到火候继续蒸制加热。

走菜流程：1.泰国香米淘洗干净，摊入托盘加适量清水蒸熟，取出放凉。2.锅下少许香油，放入泰国香米饭400克翻炒均匀，去掉多余水分，使米粒干爽Q弹，盛进碗中压实，扣入盘中待用。3.取一片发好的鱼翅（约60克）飞水。4.锅下浓汤300克烧沸，放入鱼翅小火煨5分钟，淋少许火腿汁、鸡汁调味，加入南瓜蓉10克调色，取出鱼翅摆在米饭上方，浓汤勾芡后浇入碗中，放入飞水的生菜点缀即成。

制作关键：鱼翅蒸至回软时需取出剔刮掉白色表皮，这些物质透出一股很浓的腥味，务必去除干净。

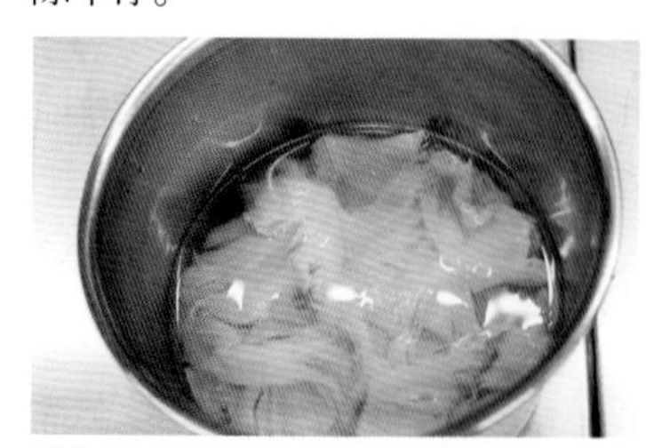

牙拣翅发透，浸入清水保存

炸鸡沙拉拌饭

制作/赵鑫

切成丁的鸡胸肉加牛奶、辣酱、番茄酱腌成甜辣味，之后先裹糊，再拍粉炸至外酥里嫩，盖在米饭上，挤一层沙拉酱后上桌拌食，甜辣中带有奶香，是年轻食客的最爱。

鸡肉的初加工：鸡胸肉2千克洗净沥干，改刀成小丁，放入碗中，加韩国辣酱200克、番茄酱150克、牛奶80克、糖稀50克、洋葱泥50克、酱油40克、香油35克、白糖30克、蒜泥30克、盐15克、白胡椒粉10克抓匀，入冰箱冷藏腌制3小时。

走菜流程：1.取一拉面锅，底部抹匀黄油，放米饭250克铺平，小火加热2分钟，待逸出黄油香味时关火。2.小伙子牌油炸粉100克放入碗中，加清水130克调成糊。取腌好的鸡丁150克，先裹一层糊，再拍一层干油炸粉，下入七成热油炸至金黄，捞出沥干，倒入加热好的米饭上，挤入沙拉酱40克即可走菜。

技术探讨

Q：什么是拉面锅？

A：拉面锅是韩餐最具特色的代表盛器之一，以黄铝制成，因颜色金黄而被亲切地称为“小金锅”，韩国人家家必备，用它来煮拉面、拌饭、拌沙拉。其锅壁薄、锅底厚，受热均匀且不易煳，比普通平底锅更有特色，且进价不高，38元/只。

招牌君子酱拌饭

制作/刘玉国

以三种菌类、油葱酥、木耳、鲍鱼汁等熬制君子酱，盖在米饭上，拌匀后咸鲜味美，诱人食欲。

素高汤的熬制：汤桶内放入大白菜半棵、冬瓜750克、平菇250克、玉米1个，倒入清水大火烧开后转小火煮2小时，停火滤出渣子即成。

预制君子酱：1.平菇、口蘑、杏鲍菇各300克洗净后切丁，入七成热油炸至表面呈金黄色，捞出沥油；水发香菇100克切丁，入留有底油的锅中煸香后盛出待用；油葱酥50克剁碎；泡发后的银耳、木耳各30克切成碎末。2.锅入葱油烧热，入葱末、姜末、蒜末煸炒至出香，加入平菇丁、口蘑丁、杏鲍菇丁炒透、炒软；添素高汤400克烧开，加入银耳碎、木耳碎、油葱酥碎，调入鲍鱼汁15克、金兰酱油10克、冰糖8克、蘑菇精8克、老抽5克、盐5克、五香粉3克继续小火熬制，待水分将干时，淋葱油出锅。

油葱酥的制作：锅入葵花籽油1千克，烧至五成热时下入小葱段100克、洋葱丝100克、干葱丝100克、京葱段100克，小火将原料炸至金黄酥香，捞出控尽油分即成油葱酥，锅内油即为葱油。

走菜流程：将码斗中蒸熟的米饭扣入碗底，舀入君子酱50克，放豆干2块、焯过水的西蓝花2棵即可。

制作关键：制作君子酱的过程中一定要将食材熬干水分，并在最后封上葱油，这两个步骤可以使其隔绝空气、易于保存。

第四章

煲仔饭

煲仔饭也称瓦煲饭，是源于广东的特色主食。其大致做法是将淘好的米放入砂煲中，加水扣盖，将米饭煲至七成熟后加入腊肉、腊肠、鸽子肉、驴肉松等配料，转慢火煲熟。顶层食材的鲜香渗入米饭中，吃起来唇齿留香，回味无穷，煲底的锅巴更是又香又脆，妙不可言。

大鸽饭（大份）

制作/黄小华

这款鸽子煲饭有三大亮点：第一，选用产自广东清远的连山大米，形状细长，横断面呈扁圆形，制熟的米饭莹白剔透、富有光泽，口感软而不黏、略带韧性，冷却后仍有清香，且不生不硬；第二，煲饭通常使用清水，而这款大鸽饭用的却是提前熬好的鸽子汤，确保每粒米上都带着香气；第三，这款饭并非在煲仔炉上制作，而是在一台以电磁输出热量的数码煲仔饭机上完成，每台机器可同时制作24份煲饭，上面有“做饭、焖饭、厚巴、完成”4个挡位，屏幕上可显示时间，操作简便、干净卫生，不用调节火候，平时只需2位员工即可负责煲仔饭的出品，大大节省了人力。

批量预制： 连山大米用清水淘洗干净，置于细密漏上晾1个小时。

走菜流程： 1.取宰杀洗净的鸽子（鸽龄35~40天，体重300克/只）1只，砍掉脖子、尾部、爪子（其中脖子、爪子可用来熬汤），去净内脏，将鸽头一开为二，剩余鸽肉切成6厘米长的条。2.将切好的鸽肉纳盆，加花生油25克、生抽20克、生姜丝15克、阳江黑豆豉10克、盐3克、生粉3克、鸡粉2克、白糖1克拌匀腌制2分钟。3.取一白色砂锅，里面抹一层色拉油，放入晾干的大米500克，添鸽汤500克，加盖后放在煲仔饭机上，点击“做饭”按钮加热7分钟（此时锅内已没有水分，但米饭尚未熟透），开盖倒入调好味的鸽子肉，加盖再点击“焖饭”按钮加热13分钟，开盖撒香葱花20克，带一个铲子即可走菜。4.通常情况下，这时砂锅内已经会有一层锅巴了；如果客人要求锅巴较厚，只需在“焖饭”结束后点击“厚巴”按钮加热1~2分钟即可。

鸽汤的制作： 老鸽（剁成块）5只、猪大骨（砍断）4千克焯去浮沫，冲净后倒入不锈钢大桶中，添清水75千克，大火烧开后转小火吊2个小时，加盐80克、鸡精20克，打渣即成。

制作关键： 1.连山大米淘净后，需将其晾1个小时，这个步骤有两个目的：第一，如果不经晾制直接入锅煲饭，米粒的水分过多，做好的饭不会呈现粒粒分明、油亮润泽的状态；第二，晾制之后水分减少，在煲饭过程中能充分吸收鸽汤，并加快了成熟速度。2.连山大米淘净后无须浸泡，否则做好的饭米粒易断。3.鸽子肉不必腌制太长时间，否则易流失水分，导致口感变柴。4.煲饭前需在砂锅内壁抹适量花生油，这样更易结出金黄的锅巴。5.煲饭过程中，需将砂锅转动1~2次，确保其受热均匀。

特点： 米饭粒粒晶莹、油润可口，渗入了鸽子香和豆豉香；鸽肉滑嫩、表皮弹牙，轻轻一咬便汁水四溢；贴壁的锅巴色泽金黄、口感焦脆。

大鸽饭制作流程

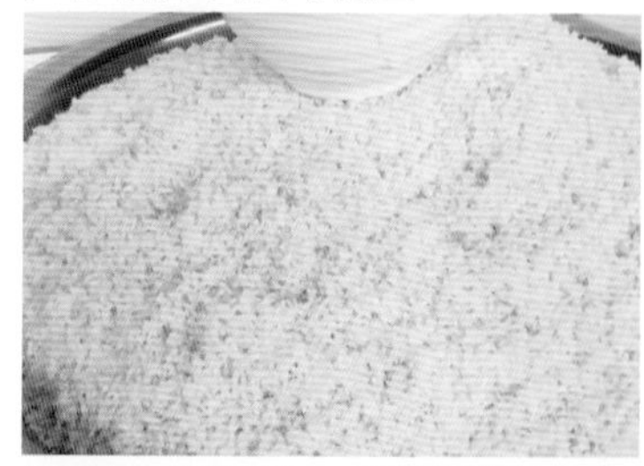

1.连山大米淘净后，置于细密漏上晾1个小时

2.将切好的鸽肉纳盆，加生抽、生姜丝、阳江黑豆豉等拌匀，腌制2分钟

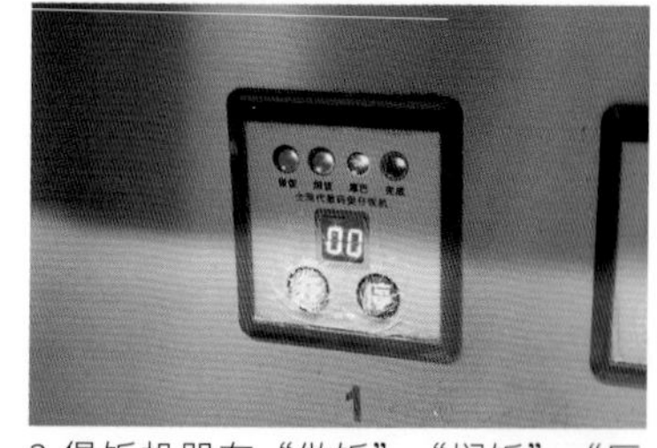

3.煲饭机器有“做饭”“焖饭”“厚巴”“完成”4个挡位按钮

4.砂锅中倒入大米和鸽汤，加盖后点击“做饭”按钮加热7分钟，开盖倒入调好味的鸽子肉，再“焖饭”13分钟

腊味乳鸽饭

制作/谭子涛

这款饭选用肉厚的老鸽制作，腌入底味后与广式腊肠搭配，摆在大米上用电饭煲焗熟。由于锅底刷了一层薄油，而且米饭中也拌入了少许色拉油，所以会产生类似煲仔饭的“焦底”，随着不断加热，乳鸽和腊肠中析出的鲜味和油脂被米饭充分吸收，开盖后香气扑鼻。

制作流程（一煲量，约四小碗）：

1.东北五常大米、长粒香米各100克淘洗干净，用清水浸泡30分钟；洗净的鸽子切成小块，取400克加入黄豆酱油20克、葱末5克、姜末5克抓匀腌约10分钟，去掉一部分腥臊味；取腊肠1根（提前用沸水浸泡两小时后取出控干）切成薄片。2.大米滗掉水分，拌入少许色拉油，倒入电饭煲（内胆提前抹匀色拉油），添水220克，加盖并调到“煲饭”模式，5分钟后水分基本被米粒吸收，此时开盖，将腌好的乳鸽肉和腊肠平摊在大米上，加盖继续煲8分钟，使米饭充分熟透。3.电饭煲带一碟葱花、一碟酱油汁（蒸鱼豉油、金标生抽按1：1的比例兑匀，加入少许红葱头末、香菜末）一起端上桌，服务员打开盖子，先撒入葱花，再淋上酱油汁，拌匀后分装入小碗即可食用。

1.焖好的腊味乳鸽饭直接带电饭煲走菜，配一碟葱花、一碟酱油汁

2.上桌后，服务员撒葱花、淋酱油汁拌匀即可食用

驴肉松煲仔饭的用料

1.味水

2.混合油

3.驴肉、葱末以及泡好的丝苗米

驴肉松煲仔饭

制作/甘伟祥

此饭选驴后腿肉调馅，盖在大米上煲熟，然后拌匀食用，鲜香味浓，搭配独特，极受顾客欢迎。

批量预制（5份量）：

1.新鲜驴后腿肉2千克绞成细肉馅，调入盐20克、味精10克、白糖10克搅拌均匀，然后倒入葱姜花椒水（姜块20克、花椒15克、葱段15克、清水200克放入搅拌器中打成汁）250克、熟菜籽油30克搅匀即可，不必搅打上劲。2.丝苗米2.5千克加清水浸泡30分钟，滗掉水分备用。

走菜流程：1.砂锅内倒入混合油（猪油、熟菜籽油按1：1混合）30克烧热，下泡好的丝苗米500克，倒入味水（清水中加盐、味精调味），水面高于大米一指，然后用筷子拌匀，加盖大火煮至水沸。2.当砂锅锅盖边缘冒出小水泡时，表明锅内的水已经煮沸，此时应改中火煲9分钟。煲制期间要分三次在锅盖上淋混合油，每次淋30克，间隔为3分钟。3.当锅底发出轻微的吱吱声说明锅内水分已经收干，此时打开砂锅盖，用筷子在米饭上扎几个眼，然后倒入驴肉馅抹平，加盖后分次在其上淋混合油（共淋三次，每次淋油30克，间隔为3分钟），改小火煲9分钟，此时驴肉馅已经熟透、定型，锅中也飘出了焦香味。关火开盖，用筷子把驴肉划成小块，淋酱油汁（白开水200克、酱油20克、鱼露10克、糖8克、鸡粉5克、美极鲜味汁5克、盐3克混合调匀即成）10克、撒鲜葱花30克走菜即可。上桌后由服务员将米、肉拌匀，盛入碗中即可食用。

制作关键： 1.驴肉绞碎后调味即可，不必搅打上劲，调好的驴肉馅为稀糊状，铺到米饭上后，花椒水才能渗入大米中，使米饭沾染花椒的香味。2.泡米时水要少，水量以刚刚没过大米一指为准，浸泡时间不要超过30分钟，否则大米容易变软发黏，煲不出粒粒分明的颗粒感。3.用筷子在米饭上扎几个眼，有助于米饭吸收驴肉馅的汁水，融入肉香。4.煲大米时以及铺上驴肉后要在砂锅盖上各淋三次油，共计六次，锅盖上的混合油会顺着锅沿流入锅内，滋润锅壁和锅底，既不会烧焦煳底，还能煲出一层金黄色的锅巴。

驴肉松煲仔饭制作流程图

1.砂锅烧热，倒入混合油

2.倒入丝苗米和味水

3.水面高于大米一指

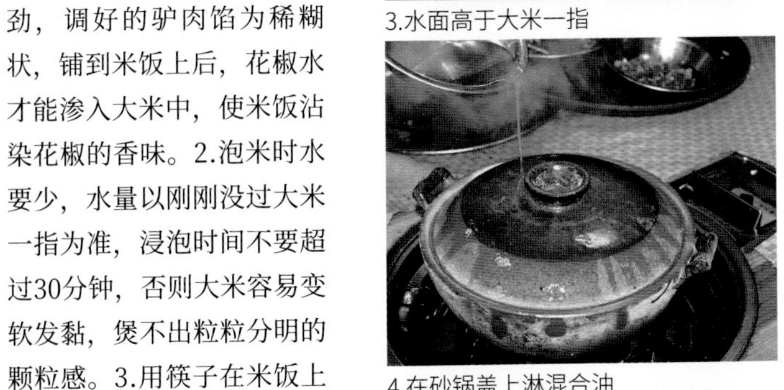

4.在砂锅盖上淋混合油

5.用筷子在米饭上扎几个眼

6.在米饭上铺满驴肉馅

7.开始第二轮淋油

8.淋酱油汁

9.用筷子把“驴肉饼”划成小块

10.把米饭、驴肉拌匀

第五章

炖饭

来源于西餐中的炖饭，其大致流程是将米饭放入锅中，加汤汁、辅料一起炖至入味，与泡饭相比，炖饭无多余汤汁，成品浓淡适宜，汤的鲜味、辅料的香气全部融入米饭当中。

黑松露蟹粉焖饭

制作/李桂忠

这道融合饭的灵感来自西餐中的菌菇炖饭以及上海客人喜爱的蟹粉拌饭，首先保留了西式炖饭中黄油、牛奶这两种元素，使成菜略带奶香，与黑松露的特殊香气融合，入口极鲜美；走菜时放入现炒蟹粉，上桌后拌匀食用，又融合了蟹粉拌饭的鲜香。

制作流程： 1.锅内下入黄油20克加热至溶化，添入牛奶50克、清水50克，调入盐、味精、白糖各3克，烧开后倒入蒸好的五常大米300克，撒入黑松露碎15克翻匀，小火焖至大米入味，出锅盛进大碗内，顶端放炒好的现拆蟹粉30克，点缀两片黑松露即可上桌。2.客人自行将蟹粉、黑松露片、米饭拌匀食用即可。

1.海鲜炒香后加南瓜片

2.倒入奶油搅匀

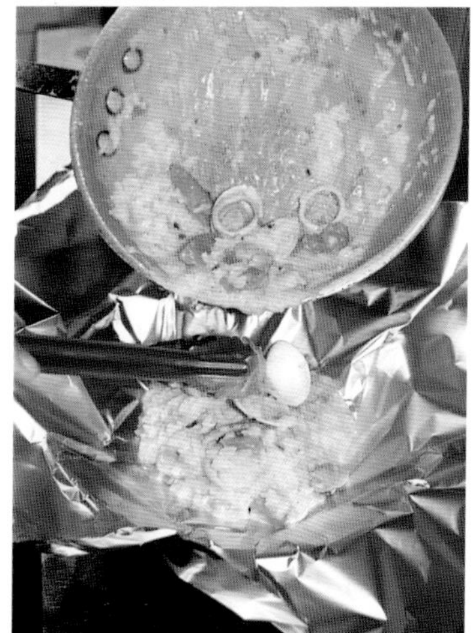
3.米饭收浓汤汁后倒入锡纸中

海鲜炖饭

制作/钱冬冬

在传统海鲜炖饭中加入南瓜片，用天然的甜味来为海鲜去除腥气、丰富口感。因海鲜要趁热食用，所以这款炖饭被包入锡纸上桌，服务员点燃盘底的高粱酒后，就餐氛围更加热烈。

制作流程：1.平底锅烧热，加入黄油20克充分溶化，放红洋葱末10克、蒜末5克煸香，下青口贝1个、扇贝1个、鱿鱼圈3条、虾仁5个、文蛤5个（这些海鲜解冻后清洗干净即可）翻匀，浇干白葡萄酒15克翻炒均匀，调入盐2克、黑胡椒1克、味精1克，倒入水200克，放南瓜片40克，淋奶油60克，加盖焖烧5分钟，加入提前蒸熟的米饭500克搅匀翻炒至黏稠。2.在米饭中加黄油20克、巴马臣芝士粉3克充分搅拌均匀。3.盘中铺上鹅卵石，撒一勺盐，将锡纸铺在鹅卵石上折成碗状，倒入炖饭堆成“小山”，将各种海鲜及南瓜片放在其上，收口即成。4.盘中倒入高粱酒，上桌后点燃，待熄灭后即可食用。

制作关键：米饭中的汤汁不能收得太干，否则上桌加热后，底部会焦糊并粘在锡纸上。

香草青酱松子牛肉炖饭

制作/王文浙

传统西餐中的炖饭是用意大利米制作的，但这种米不易煮烂，入口时米芯发硬，不太符合中国人的饮食习惯。这款饭改用五常大米，提前蒸熟，走菜时再加料炖入滋味，成品绵软回香，青酱包裹着每一粒大米，淡淡的香草气息混合着菌菇的脆嫩、牛肉的鲜美，口感顺滑浓郁，令人回味无穷。

批量预制：800克大米加1千克水入托盘摊匀，蒸成微微发硬的米饭。

走菜流程：1.蟹味菇去根，与口蘑、杏鲍菇洗净后切成拇指大的粒。2.锅入橄榄油适量，下三种蘑菇粒共25克翻炒上色，加入西芹丁、青椒丁、红椒丁、黄椒丁各两粒继续翻炒，并烹入少许干白葡萄酒，添入半勺清水、一勺米饭，翻炒约6分钟至米饭黏稠，加白酱40克、小番茄搅匀，添青酱20克继续翻拌片刻。3.在加工米饭的同时，将腌好的牛排边角料切成小块，在铁板上煎5分钟至熟。4.将炖好的米饭装入深盘，取出煎好的牛肉放在米饭顶端，撒熟松子、帕玛臣芝士碎即可走菜。

青酱的制作：罗勒叶400克、橄榄油300克、松子60克、卡夫芝士碎60克、荷兰芹40克、大蒜4个入搅拌机打匀制成青酱，加入适量菠菜汁（菠菜叶烫熟加少许清水打成汁）调至颜色碧绿。

白酱的制作：锅内放黄油100克，加入面粉200克小火炒香，调入牛奶、淡奶油各120克，保持小火不停搅拌成糊即可。

1.米饭加入小番茄、白酱翻炒

2.浇入一小勺青酱翻匀

3.将米饭炒成绿色

4.将牛排边角料放在扒炉上煎熟，盖在炖饭上

第六章

花样饭

一碗饭还能做出什么花样？翻阅本章，欣赏大厨的奇思妙想。焖饭、小灶饭、铁锅饭、盖浇饭、煎饭，方法多种多样；大米、小米、黄米、野米，选料多姿多彩。

八宝饭（位上）

制作/方伟

八宝饭改例份为位上，装入兰花碗，每人一碟，卖相别致。这款新一代糯米饭配料无须“八宝”，只用红枣、花生、葡萄干，便能香甜诱人。

糯米的初加工：糯米5千克加清水浸泡12小时至透，捞出沥干放入托盘，加泡透的花生米500克、泡软的红枣400克、红糖250克、猪油200克、盐20克拌匀，大火蒸40分钟至熟。

走菜流程：取八宝饭50克盛入小碗，顶端放蒸透的红枣2个以及葡萄干10克、白糖5克即可上桌。

吊锅饭

制作/李生军

吊锅饭是四川乡下的一款主食。农妇们将蔬菜丁煸炒调味后装入吊锅，然后加入煮得半生不熟的米饭，盖上锅盖，加热焖熟。做好的米饭蔬香浓郁，亦饭亦菜。

批量预制： 1.土豆500克、南瓜400克、豇豆300克、胡萝卜300克分别切成小丁。蒸透的腊肉300克切成小丁。2.锅下底油烧热，加腊肉丁炒香，倒入蔬菜丁翻炒均匀，调入适量盐、味精，分别盛入10个吊锅内。3.大米3千克淘净后入大锅，加清水煮10分钟至断生，捞出后分装入吊锅内，再各洒少许清水，用筷子插几个小洞，盖上盖子，放入土灶内焖15分钟，开盖搅匀后即可上桌。

特点： 蔬香、米香味浓。

制作关键： 1.不要用生大米焖吊锅饭，否则焖不熟。2.盛入大米后，在吊锅内淋清水即可，不要淋煮饭的米汤，否则会煳锅。

吊锅全貌

把吊锅放入土灶用木炭加热

福气满满

制作/张洁

这款手握饭团有两个亮点：第一，莹润软糯的米饭中加入了黄瓜、日式大根、胡萝卜、海苔等多种食材的颗粒，使做出的饭团在口感和味道上都非常有层次，吃起来微甜微咸；第二，给饭团搭配了豆腐做成的“福袋”，寓意吉祥，客人自己动手将米饭塞入豆腐袋中，增加了食趣，体验感极佳。

制作流程：米饭180克装入碗中，放入大喜大牛肉粉3克、香油3克、香松（一种专门用来拌饭的调味品，里面有白芝麻、海苔碎等料，味道咸鲜）1克，表面放上去掉瓤的黄瓜粒15克、胡萝卜粒15克、日式大根粒（日式大根是一种腌渍白萝卜）15克、海苔碎10克，将成品韩国豆腐福袋6个摆在周围，再撒入福袋中自带的混合蔬菜料一包即可上桌。

食用方法：先将豆腐福袋拿出，食客戴上一次性手套将米饭和配料充分抓匀，再塞入豆腐福袋中即可食用，剩余米饭可以捏成饭团。

制作流程

1.成品韩式豆腐福袋

2.福袋中自带混合蔬菜包

3.戴上手套将米饭和配料抓匀

4.装入豆腐福袋中

5.剩余米饭可做成饭团

干贝一笼飘香（位上）

制作/方伟

糯米加酱料、猪油拌入味，垫着桑叶盛入小巧竹笼，再点缀一粒干贝蒸熟，卖相精致，是道极受客人欢迎的高毛利主食。

制作流程： 1.糯米5千克洗净，放入清水浸泡12小时，捞出沥干纳盆，加猪油300克、柱侯酱150克、海鲜酱150克，以及少量盐、鸡精拌匀备用。2.小竹笼内垫上桑叶，舀入拌好的糯米铺至3/4处，中间放一颗涨发的干贝，入蒸箱大火蒸30分钟至糯米熟透，取出撒入少许香葱点缀即可走菜。

制作流程图

1.竹制小笼精巧可爱

2.糯米拌匀调料，垫桑叶盛入小竹笼，点缀干贝

3.大火蒸30分钟至熟

海胆三文鱼子饭

制作/曹小伟

海胆入口细滑，鱼子则在齿间爆破，两者盖在寿司米饭上，带给食客口感与味觉的双重惊喜。

批量预制：1.东北大米放入清水用手搓三遍后淘洗干净，沥尽水分盛入电饭锅中，按照1：1的比例添入清水，煮成寿司饭。2.寿司醋是寿司的基本调味品，制作时将盐：白糖：白菊醋按照1：5：10的比例下入锅中调匀，稍微加热使白糖溶化后立即关火，凉凉后即可使用。3.将醋：饭按照1：5的比例拌匀，调拌时米饭需保持40℃左右，拌匀后用白纱布包好放入木箱内。

走菜流程：从箱中取50克寿司米饭做成饭团后盛入高脚玻璃杯内，放上生海胆，四周摆三文鱼子，顶端点缀芥末、海苔片即成。

制作关键：1.加热寿司醋时不要烧开，以免降低醋的酸味。2.搅拌寿司饭时，最好使用木制的盛器和勺子，以免米饭中混入铁器的味道。

制作流程图

1.做好的寿司饭包进白纱布，放入木箱中

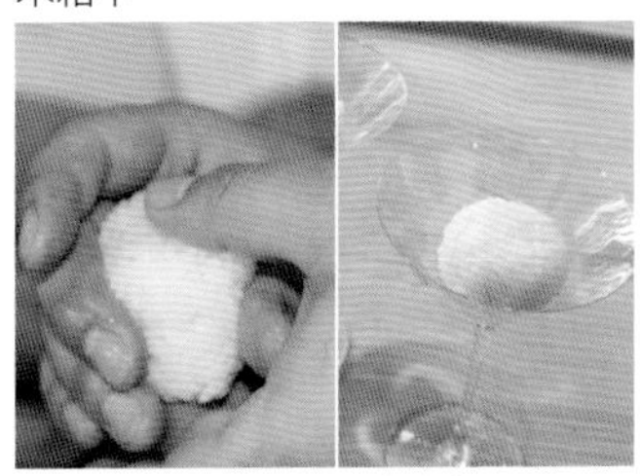

2.手捏成饭团，放入高脚杯

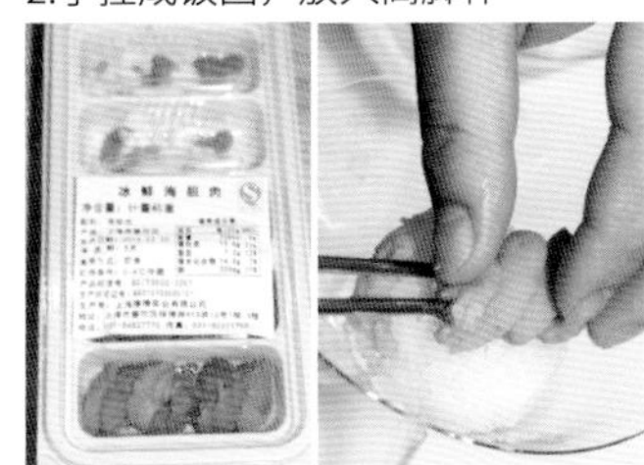

3.顶端放生海胆

4.四周撒匀三文鱼子

5.点缀芥末、海苔片

黄金小米烙

制作/覃尚达

将黄米添加腊货、八渡笋丁拌匀，包到鸡蛋薄饼里油炸后切块上桌，腊货浓香、笋丁清脆，口味特别棒。

批量预制：1.黄米淘洗干净，泡透后盛入托盘，旺火蒸熟。2.每1千克熟黄米加入腊肉丁50克、腊肠丁50克、八渡笋粒（八渡笋提前泡透，添高汤煲至入味）100克、盐3克调拌均匀。3.面粉500克、鸡蛋5个加适量清水调成面浆，淋入不粘锅烙成薄饼，取出后修成方块，包入适量黄米馅，卷成长卷儿。

走菜流程：取两根黄米卷入七成热油炸至金黄酥脆，捞出后斜刀改成块，摆入筐内即可上桌。

注：八渡笋因产于广西田林县西部偏南的八渡乡山区而得名，它脆嫩无渣、鲜甜可口，具有减肥、降压、降低胆固醇等保健功效。

1.黄米蒸熟，加腊肉、腊肠、八渡笋丁调成馅

2.包入烙好的鸡蛋面皮中

煎黄米饭

制作/刘春生

黄米饭是东北传统主食，用糜子焖制而成。这里借鉴东北煎年糕的做法，把焖熟的黄米饭放入平底锅内煎至外酥内糯，香脆适口，成为一道当家主食，桌桌必点。

批量预制：大黄米（学名糜子）淘洗干净，放入电饭锅内，加入清水（米与水比例为1：1），撒少许红豆，焖30分钟成黄米饭。

堂做流程：平底锅置于煲仔炉上，淋入豆油晃匀，舀入一勺大黄米饭摁成圆饼，中火煎两面共约10分钟至外层起酥，盛入盘中，撒少许白糖即可上桌。

特点：酥脆的外壳、软糯的饼芯，米香浓郁，微甜不腻。

制作关键：一定要用豆油煎黄米饭，颜色金黄，味道也香。

1.焖好的黄米饭

2.舀一勺黄米饭入锅，摁成饼后煎至酥脆

金枪鱼拳头饭

制作/赵鑫

这是改良版的寿司，将原本卷入中间的材料改为与米饭一同拌匀，造型新颖，入味更足。

制作流程：1.刚刚蒸熟的米饭2千克，加寿司醋30克一同搅散，放入烤海苔（捏碎）500克、罐装金枪鱼肉300克、黄瓜丝200克、胡萝卜丝150克（提前汆水至熟）、甜脆玉米粒100克，加沙拉酱300克、盐20克，不断翻拌至原料融合，每80克为一份捏成球，顶部撒白芝麻5克，摆入托盘，覆保鲜膜备用。2.走菜时按照点单的人数，取相应数量的饭团装入盘中走菜。

箜饭

制作/温良鸥

所谓“箜（kōng）饭”，其实是四川农家的一种做法：大米先入开水锅中煮至六成熟，再放进垫有辅料的铁锅中小火焖煮，制熟后蔬香浓郁、亦饭亦菜。这里对“箜饭”进行了改良，大米先煮后拌再蒸，添入自制酱油调味，走菜前放进吊锅焗出底部锅巴，表面撒上红绿时蔬，色彩缤纷，香气浓郁。

批量预制：1.大米2千克洗净沥干，下入锅中，添清水浸没表面，大火煮8分钟，待米汤变白，将米捞出沥干，铺入托盘。2.煮米的时候炒制辅料：锅入底油烧至五成热，下葱碎40克爆香，放土豆片150克、泡好的金钱菇200克、泡透的花生米200克翻炒均匀，添入昆布清汤500克、自制酱油100克，大火煮5分钟，待滋味渗入蔬菜中，加香油80克，起锅连汤带料倒入步骤1煮好的米中拌匀，覆膜旺火足汽蒸15分钟，取出备用。

走菜流程：小吊锅底部刷层葱油，舀入米饭300克，置于煲仔炉上焗5分钟，待底部产生薄薄一层锅巴香味四溢时，撒入过油的菜心碎50克和红菜椒碎30克即可上桌。

昆布清汤的制作：1.干海带10张（长宽均为10厘米）冲去表面浮灰，浸泡至变软；干香菇400克洗净，放入清水泡软，改刀成条备用；白萝卜1千克洗净，切厚片备用。2.锅入清水10千克，下萝卜片、香菇条，大火烧开转小火吊20分钟，再放入海带中火煮5分钟，关火浸泡30分钟，待鲜味充分释放后，将锅内所有原料弃去不用，即成昆布清汤。

酱油的制作：溜溜酱油500克（一种日式淡口酱油，与中餐的生抽类似，但鲜味更浓，常用于蘸食刺身）、浓口酱油300克（产自日本，以大豆和小麦制作而成，相当于中餐的老抽，但颜色比老抽略淡，带甜口）一同倒入锅中，加昆布清汤300克、味淋180克搅匀，小火加热至沸腾即可关火，凉凉后倒入容器密封冷藏保存。

制作关键：大米经过煮、拌、蒸三步，口感更加松软，且辅料和酱油的滋味充分渗入其中，更加好吃。

1.大米煮8分钟，捞出加辅料拌匀，覆膜蒸制

2.走菜前舀入小吊锅焗出锅巴

榴梿八宝饭（位上）

制作/侯新庆

八宝饭中裹入榴梿馅，其独特的香味吸引了一大批忠实粉丝。以前八宝饭多以大碗定型，满满一份，客人全部吃完就没有胃口再品尝其他佳肴，如今将其用模具扣成柱状，按位走菜，分量更小巧、卖相更美观。

批量预制： 1.糯米用清水浸泡40分钟，捞出后均匀铺在纱布上，送进蒸箱蒸熟。2.取温热的糯米饭5千克，加猪油1千克、白糖500克抓拌至调料与米饭充分融合、出现拉丝的效果。3.取圆柱形模具，垫一层保鲜膜，先铺干果碎15克（核桃仁、松子、莲子、红枣、蜜饯打碎、混匀即可），再铺糯米饭15克，中间放榴梿肉25克，再盖白糯米饭30克，用力压实，轻轻拽出保鲜膜即成八宝饭生坯，将其放入冰箱冷冻保存。

走菜流程： 1.白盘中央抹一道浓缩橙汁。2.取榴梿八宝饭入蒸箱蒸17分钟，有干果碎的一面朝上立在盘中，淋糖液、撒炸米即可上桌。

制作流程图

1.蒸热的榴梿八宝饭放入盘中

2.淋糖液，撒炸米即可上桌

1.珍珠大米蒸熟，拌入墨鱼汁

2.入锅加海鲜丁一起翻炒均匀

3.盛入烤盘后烤3分钟

墨鱼汁烤饭

制作/王德钦

米饭加墨汁染成黑色，加海鲜丁炒香后再入烤箱烘烤5分钟，米饭外观漆黑，但吃起来莹润弹牙，味道鲜美。

制作流程：1.东北珍珠大米淘洗干净，盛入托盘，每500克米加400克水，蒸成米饭。2.大墨鱼摘下墨囊，取出墨汁。3.取米饭500克纳入盆中，加猪油15克、鲜墨汁10克、盐5克、鸡精5克拌匀成黑色米饭。4.墨鱼肉、虾仁各30克切丁，焯水后沥干；青豆20克焯水备用。5.锅下猪油15克烧热，放入海鲜丁翻炒均匀，倒入黑米饭中火炒透，盛入圆形烤盘，撒上青豆，放入200℃的烤箱里烤5分钟，取出后摆柠檬2瓣上桌。客人将柠檬汁挤入米饭中拌匀即可食用。

特点：米饭弹软鲜美，微带柠檬的清香。

制作关键：1.一定要选珍珠大米，它熟后不黏团，而且口感有弹性。2.蒸普通米饭时，米与水的比例为1∶1，但制作此菜时比例需调整为5∶4，缩小用水量后蒸出的米饭粒粒分明，更加松散。

牛肝菌焖饭

制作/罗华

焖饭是云南人钟爱的一款主食，根据所用原料不同，可分为土豆焖饭、豌豆焖饭、火腿焖饭等，其做法与川西南的吊锅饭类似，都是先将蔬菜丁煸炒调味，装入锅中，然后加入煮得半生不熟的米饭，加盖小火焖熟。略有不同的是，吊锅饭以生铁锅制作，而云南焖饭所用的器具却是底部更薄、传热更快的铜锅。这里将云南焖饭与酱油炒饭结合，选用牛肝菌、土豆、火腿丁、青椒为辅料，制作时浇入酱油、蚝油，成菜色泽亮丽、香味更浓。

批量预制： 1.大米洗净，放入开水中煮8分钟，待米汤变白，将米粒捞出沥干，再摆入托盘上锅蒸15分钟，这样做好的米更加松软。2.土豆1千克去皮切成小丁，拉油备用；云南火腿400克改刀成丁；牛肝菌500克切成条。3.锅入底油烧至五成热，下入香葱粒、姜末爆香，加火腿丁煸出油脂，放牛肝菌炒干水气，倒入土豆丁炒至表面起煳斑，调入适量盐、味精，起锅分别盛入10个铜锅内，再分别舀入米饭300克，等待开餐。

走菜流程： 客人下单后取一口铜锅，米饭调入酱油8克、蚝油5克、盐4克、白糖3克拌匀，淋色拉油10克，放在煲仔炉上用小火加盖烘15分钟，开盖投入青椒片50克拌匀即可上桌。

牛奶饭

制作/谷胜兵

这道烤饭添加了酸奶和鸡蛋，成菜不像一款主食，倒酷似一份颜值极高的甜品。

制作流程： 净碗盛入米饭30克，打入鸡蛋两个，浇袋装牛奶200毫升，搅匀后倒入酸奶30克、蜂蜜10克，放入温度为250°C的烤箱烤制12分钟即可。

制作流程图

1.碗里加米饭

2.打入鸡蛋

3.加牛奶

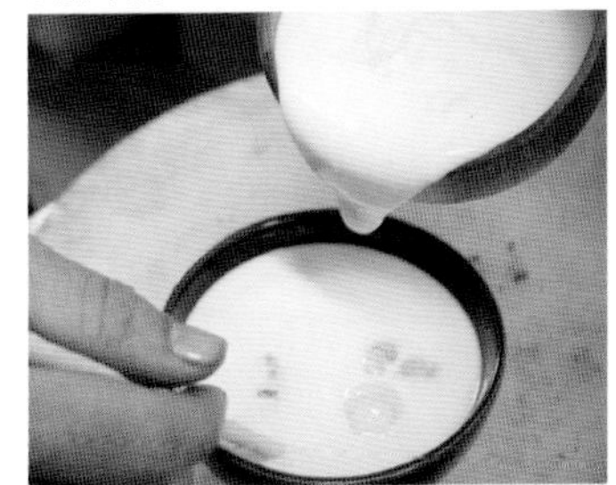

4.调酸奶

5.挤入蜂蜜调匀后即可烤制

农家铁锅饭

制作/刘望龙

这款铁锅饭上桌后由服务员当堂淋入熟猪油，以增加滋润度，创意独特。

制作流程：1.泰国香米350克淘洗干净，加清水400克一同下入铁锅中，再下腊肉片20克、腊肠片30克，加盖上火煮制15分钟，然后将其挪到炭火炉上以微火焗制、保温。2.走菜时，取铁锅饭1份直接上桌，由服务员当堂淋入熟猪油20克、酱油5克，翻拌均匀后即可食用。加入熟猪油可以使米饭口感更加滋润，味道更香。

农家土灶饭

制作/李明

从农家锅巴饭中汲取灵感，在大米的基础上加入苦荞米和细玉米糙，三者混合制成杂粮锅巴，卖相金黄诱人，营养更加丰富。另外，这款锅巴饭搭配了清炒青笋丝、酸豇豆肉末、小炒羊肉三款小菜，分别对应了蒜香、香和辣香三种味道，色彩丰富，且荤素搭配得当，上桌后客人既可以只吃一道，也可将三道菜与锅巴一同拌匀食用，香气浓郁，吃起来非常过瘾。

批量预制：1.大米入清水中浸泡30分钟后捞入托盘，注入清水至没过主料1厘米，入蒸箱蒸熟；细玉米糙放入托盘，加适量清水入蒸箱蒸25分钟；苦荞米提前入清水中浸泡30分钟，然后倒进托盘，加清水至没过主料1厘米，入蒸箱蒸制25分钟。2.将蒸好的米饭、细玉米糙和苦荞米按照6：3：1的比例拌匀成杂粮饭。

走菜流程：1.平底锅内加入色拉油15克烧至五成热，放杂粮饭1千克，调入盐5克、鸡精3克翻匀，用铲子将饭粒压平，小火炕15分钟至底面结出锅巴，起锅倒扣在烧热的铁板上。2.制作三款小菜。**清炒青笋丝：**锅入底油烧热，下蒜末10克炒香，加青笋丝180克翻匀，调入盐3克、味精1克、鸡精1克即可。**酸豇豆肉末：**锅入底油烧热，依次下姜片5克、郫县豆瓣酱8克、大厨四宝全黄豆酱5克炒香，倒入五花肉末30克翻炒均匀，加酸豇豆粒100克，调入盐2克、味精1克、鸡精1克中火翻匀即可。**小炒羊肉：**锅入底油烧热，下螺丝椒片20克、美人椒片10克煸炒出香，放入提前滑油的羊肉片100克、芹菜20克，调入蒸鱼豉油10克、老抽2克、味精2克中火炒30秒即成。3.将炒好的三道小菜放在锅巴饭上，在青笋丝上点缀小米椒圈1个即可上桌。

制作关键：1.倘若制作锅巴时加入了过多的色拉油，杂粮饭就不易粘在锅底形成锅巴，且口感会变得较为油腻。2.三道小炒均需现点现做，不可提前预制，这样上桌时才“锅气”十足。

杂粮饭入锅摊匀压平，煎成锅巴

特色蓝莓米糕

制作/王利

将大黄米入托盘蒸成糕，冷冻后切片油炸，最后淋蓝莓酱，咬一口，外层酸甜酥脆，里面流出软软的米糕，百吃不厌，极受客人欢迎。

批量预制： 1.优质大黄米淘洗干净，加清水浸泡15分钟，捞出后铺入托盘至5厘米厚，加清水没过黄米一指，晃匀摊平后放入蒸车中蒸30分钟至熟，取出放凉即成黄米糕。2.将蒸好的黄米糕放入冰箱冻至稍硬，取出后改成长10厘米、宽4厘米、厚0.8厘米的片，冷藏保存。

走菜流程： 1.取出黄米糕12片，拍生粉、拖蛋液、沾面包糠，入六成热油炸至金黄色，捞出沥油后摆盘。2.净锅加蓝莓酱60克、蜂蜜40克、白糖20克以及适量清水稀释熬浓，浇在黄米糕上即可走菜。

特点： 黄米外酥内软，咬开流汁，好似冰激凌，又像熔岩蛋糕，外层蘸着酸甜的蓝莓汁，格外美味。

制作关键： 1.蒸好的黄米糕一定要入冰箱冷冻至稍硬再改刀，最好在下刀处撒少许生粉，否则容易粘到刀刃上，切的时候粘连不断，改不出规则的长方形。2.油炸时温度不可太高，否则米糕容易变黑。

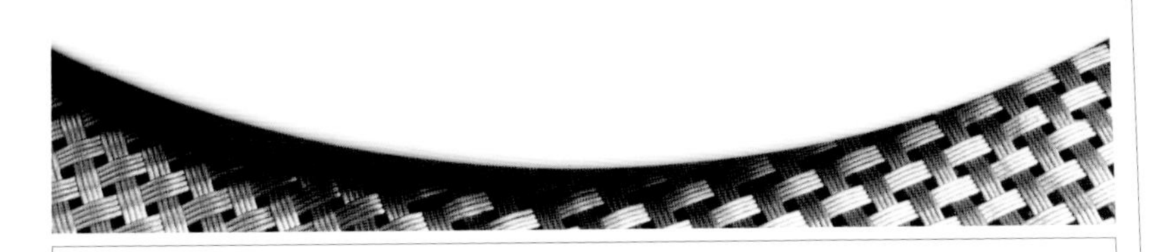

甜蜜味道

制作/王勇

将豆沙包入肉片裹成小卷，每份取8个豆沙卷配500克糯米蒸熟，出品甜香，油润而不腻。

原料： 糯米500克，五花肉30克，红豆沙10克。

调料： 黄糖150克，糖色100克，白糖50克，猪油50克，陈皮粉10克。

制作流程： 1.将糯米洗净蒸熟后加入黄糖、糖色、白糖、陈皮粉和猪油搅拌均匀。2.五花肉切成薄片，分别裹入红豆沙馅卷成卷儿。3.码斗内垫一层保鲜膜，将8只裹好的肉卷竖在中间，使其粘在一起并“站”稳，再用拌好的糯米将空处填满，覆膜后蒸制90分钟即可。4.走菜时将糯米肉回热，倒扣在平盘内即可上桌。

提前装好准备入蒸箱的糯米肉

技术探讨

Q：为什么要加黄糖、糖色、白糖、陈皮粉这几样配料？

A：如果只放白糖，那么成品就会非常甜腻，而加入黄糖后，口感层次更丰富，甜度稍减；糖色的作用主要是上色；加入陈皮粉的目的是给肥肉解腻。

制作流程图

1.平底锅滑透，取炸过的土豆片300克铺在锅底

2.倒入拌好的米饭250克

3.淋高汤30克

4.加盖小火焖13分钟

5..关火倒扣在盘中即可上桌

土豆焖饭

制作/孟波

将“炸土豆+拌米饭”一同入锅焖熟，土豆黄亮、米饭油润，还带有微微的焦香，推出之后热度不减，广受食客追捧。

土豆的初加工：云南黄心土豆3千克去皮，改刀成厚0.3厘米的菱形片，泡入水中洗去多余的淀粉，下入七成热油中火炸3分钟至土豆七成熟，捞出沥油备用。

米饭的初加工：蒸熟的米饭2.5千克放入盆中，加熟豌豆250克、熟腊肉丁200克、鸡汁40克、猪油30克、盐30克、味精20克拌匀。

佤族鸡肉烂饭

制作/王建辅

烂饭是我国少数民族佤族的传统美食，将大米、鸡汤、酸笋混合熬成稠粥，出锅前撒鸡丝以及薄荷、茴香等新鲜的香料碎，加少许盐、辣椒、花椒调味，既能当饭，又可当菜，浓香中带着清香，颇受欢迎。

这款饭在原做法基础上做了两点改良：首先，熬粥时用到了三种米，大米香味浓郁，糯米使汤汁浓稠，红米很有嚼头；其次，煮鸡汤时加入新鲜的草果叶，气息与草果类似，却多了一股清香，即使多加一点也不会抢掉食材的本味。

批量预制：1.三黄鸡5只宰杀洗净（每只净重约1.5千克），冲净血水，沥干后放入锅中，倒入清水17.5千克，大火烧开后撇去表面浮沫，加新鲜草果叶80克、干辣椒30克、白胡椒粒10克以及适量盐、葱段、姜片，中火煮30分钟；捞出整鸡，凉凉后去骨，将鸡肉撕成丝，鸡汤沥掉渣子留用。2.大米、糯米、红米按照10︰1︰1的比例淘洗干净。取3千克混合米放入锅中，倒鸡汤12千克，大火烧开后转中火，熬至米粒膨胀，再转小火熬至米粒“开花”即可关火，整个过程约需1.5小时，此时米粥颗粒分明、晶莹透亮，略微搅拌后静置一会儿，锅内剩余的鸡汤就会被米粒全部吸收，变为稠粥。

制作流程图

1.草果叶

2.三种米加鸡汤熬成稠粥

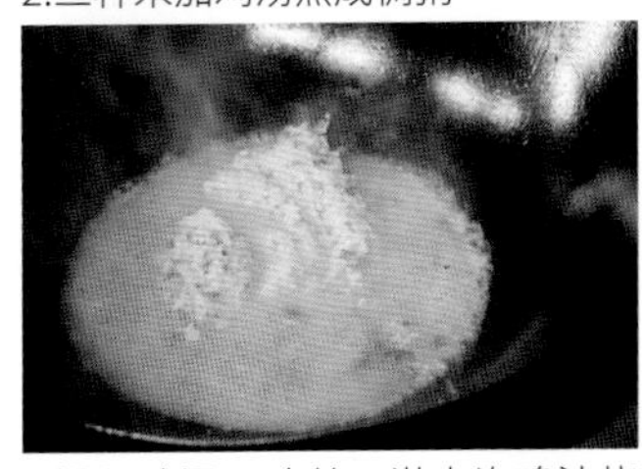

3.锅入鸡汤、鸡丝，淋少许鸡油烧沸,倒入稠粥，调味后再次煮沸，加料头搅匀

走菜流程：1.茴香苗100克、大芫荽50克、蒜苗40克、草果叶20克洗净，切碎即成料头。2.在锅中倒入鸡汤1千克，撒鸡肉丝100克，淋鸡油5克，兑入煮好的稠粥700克，加适量盐、味精、白胡椒粉中火煮沸，关火倒入料头搅匀，盛入烧热的砂锅即可走菜。

制作关键：熬粥时要留意观察，米粒膨胀时应转小火熬制，否则粥色容易发乌。

鲜果猪扒焗饭

制作/莫创昌

这是一款中西合璧的“盖浇饭”，以猪扒、鲜果、肉酱为主料，加芝士碎焗熟后端上餐桌，香味四溢，惹人食欲，推出后广受年轻食客欢迎。

批量预制：1.猪柳肉2.5千克改刀成手掌大小、厚7毫米的片，用松肉锤反复敲打表面（目的是将纤维打断，使猪肉变得更加松软，也更易于入味），纳盆后加蒜汁20克、盐15克、味精10克、生粉15克抓匀腌制1小时待用。2.泰国香米1千克洗净，加清水入蒸箱蒸成米饭。锅入底油烧至四成热，下葱花爆香，入蒸好的米饭翻炒均匀，再下适量鸡蛋碎一同炒香，盛出待用。

走菜流程：1.平底锅入底油烧至四成热，下入腌好的猪扒1片小火煎至两面金黄，盛出斜刀改成小块。2.锅滑透，下入自制肉酱100克，加少许高汤稀释烧开。3.取焗盘一个，放入炒好的米饭300克，将改刀的猪扒铺入其上，然后摆入黄桃块30克、菠萝片30克，浇入熬开的肉酱，然后均匀地撒芝士丝35克，入面火炉（温度约200℃）烤2~3分钟至芝士完全溶化，取出撒芝士粉2克、干番茜碎（番茜，又名荷兰芹、欧芹，气味清香，买回后洗净剁碎，入面火炉烤干，可起到点缀作用，也能为成菜增添一股清香）2克即可上桌。

自制肉酱：1.五花肉1000克入绞肉机绞碎。2.锅入底油烧至四成热，下蒜蓉10克、洋葱碎10克、迷迭香碎3克煸香；下入五花肉碎翻炒变色，然后下番茄沙司500克、番茄罐头（切碎）100克一同慢火炒香；倒入少许高汤稀释，加盐、味精、鸡粉各适量调味，烧至酱汁冒泡后关火凉凉即成。

制作流程图

1.猪扒下入平底锅中煎至两面金黄，盛出斜刀改成小块

2.自制肉酱下锅，加少许高汤稀释烧开

3.炒饭装入焗盘，表面摆上煎好的猪扒及黄桃块、菠萝块

4.浇入熬开的肉酱

5.表面撒芝士丝

6.入面火炉烤制2~3分钟

西昌铜锅土豆饭

制作/姚川

吊锅饭是四川省西昌地区的传统主食，将蔬菜与米饭放入锅内一同焖熟，香气浓郁，亦菜亦饭。此饭以西昌吊锅饭为蓝本，进行了两点改良：第一，与云南的铜锅土豆饭结合，将盛器换成双耳铜锅，不仅色泽黄亮，更加美观，还提升了加热的速度；第二，制作吊锅饭时通常使用提前煮至半熟的米饭，而这里则借鉴了广式煲仔饭的做法，直接将生米放入铜锅，置于明档的电陶炉上一次焖熟，“锅气”十足，让大米有充分的时间吸收辅料的香味，且减少了提前加工的时间。另外，此菜还添加了腊肉片、玉米粒、胡萝卜丁等原料，色泽亮丽、腊香味浓。

批量预制：1.土豆块600克，青豆、玉米粒、胡萝卜丁各300克分别拉油，捞出备用。2.锅入色拉油150克烧至四成热，下过油的土豆块翻炒2分钟，倒入青豆、玉米粒、胡萝卜丁及腊肉丁180克，调入盐15克、鸡精5克，中火翻炒约1分钟即成。

走菜流程：取一只双耳铜锅，内壁刷一层色拉油，加淘洗好的大米200克，倒入炒好的蔬菜、腊肉共180克，添清水380克，然后扣上盖子，将铜锅放在电陶炉上，大火烧开转小火焖制15分钟；开盖铺上腊肉10片，扣上盖子后再焖5分钟，关火再焖10分钟即可走菜，上桌由服务员将饭拌匀。

制作关键：此饭制作的关键在于火候，焖制时应先大火烧开后转小火，倘若一直用大火，米饭容易出现夹生的情况。

技术探讨

Q：土豆、青豆、玉米粒等蔬菜在炒制前为何要拉油？

A：目的有三个：第一，能让青豆、玉米粒等保持鲜艳的色彩；第二，缩短炒制时间；第三，使蔬菜吸收油分，这样做出的土豆饭口感更油润。

1.双耳铜锅中加大米、炒好的蔬菜和腊肉，再倒入清水

2.扣上盖子，放在明档的电陶炉上焖制

小灶焖锅饭

制作/张斌

这款焖锅饭所用的米饭蒸制方法独特，先将大米入开水锅中煮制7~8分钟，待米汤变白，将米捞出沥干，再摆入托盘上锅蒸15分钟，这样做好的米更加松软，且熬出的米汤可赠予客人饮用，增加就餐附加值。

制作流程：取一砂锅放在炉灶上，淋色拉油10克烧至五成热，下入肥腊肉丁25克小火煸炒至出油、出香；下入香葱粒、姜末各10克，放胡萝卜粒50克，加蚝油8克、盐5克、白糖4克炒匀；待胡萝卜变软出水，添入米饭300克压平，淋色拉油5克，转微火加盖烘15分钟即可。上桌后，服务员将饭翻拌均匀，使底部的腊肉油、胡萝卜汁与饭粒混匀，撒香葱10克即成。

1.锅入腊肉丁煸香

2.加胡萝卜、调料炒软后添入米饭压平，小火烘15分钟

血糯米蒸饭

制作/阮明杰

蒸饭也叫乌饭、糍饭团，是南京地区的传统名小吃。这款蒸饭有三点改良：一是用血糯米代替白糯米，蒸熟后Q弹爽滑，入口有爆裂的感觉；二是借鉴制作寿司的手法，以竹帘卷成卷儿、切成小段，将传统的饭团造型改为圆柱，样子更时尚，食用更方便；三是增加辅料，除了传统的鸭蛋黄、油条外，又配以肉松和四款酸菜，酸、咸、鲜、香，口感丰富。

制作流程： 1.血糯米3.5千克、黑糯米1.5千克淘洗干净，加清水浸泡10小时至软。2.捞出泡透的糯米倒入锅里，加清水至没过主料2.5厘米，蒸45分钟至熟，倒入木桶保温备用。3.在寿司竹帘上铺一张干净的保鲜膜，倒上蒸熟的糯米200克摊匀，依次撒上咸鸭蛋黄碎、油条碎各8克，萝卜干、榨菜、雪菜、酸豆角碎各5克，以及肉松30克。4.将竹帘卷紧，用擀面杖把蒸饭推出来，改刀成5厘米长的段，去掉保鲜膜摆入盘里，撒芝麻海苔碎即可上桌。

芝麻海苔碎制作： 海苔碎300克加炒香的芝麻100克拌匀即成。

制作关键： 血糯米难以蒸熟，要将其提前浸泡10小时，时间过短则口感太硬，反之入口软烂，失去Q弹的质地。泡足蒸透的血糯米不失嚼劲，而黑糯米则非常软糯，两种口感相互碰撞，食之难忘。

1.蒸熟的糯米铺匀，撒上油条碎、榨菜末、肉松等

2.将竹帘卷紧

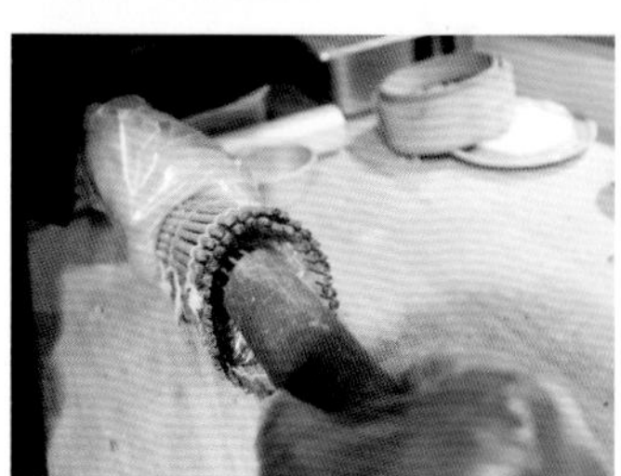

3.用擀面杖将蒸饭推出来

4.改刀成段，撕去保鲜膜后摆盘

养生粗粮饭

制作/郭运华

这款粗粮饭原料丰富，六种谷物搭配坚果与腊肉蒸熟后用黄油炒香，然后复蒸入味，香软可口，成功俘获一众食客。

原料：泰国香米150克，麦仁、红腰豆（罐装成品）各50克，黑米、薏米、玉米各40克。

辅料：香芋丁50克，五花腊肉丁30克，松仁、葱花各20克。

制作流程：1.将全部原料淘洗干净，拌入香芋丁，添入适量清水后入蒸箱蒸45分钟，取出备用。2.锅入黄油40克烧化，下五花腊肉丁煸香，下入蒸好的米饭炒匀，调入盐8克、味精3克翻匀，盛入垫有荷叶的笼屉中，入蒸箱蒸5分钟，取出撒入松仁和葱花，淋香油30克上桌即可。

特点：口感丰富，营养均衡。

椰子饭

制作/孟景波

糯米入椰壳，灌进椰汁、椰浆、冰糖熬成的汁水，大火蒸熟，糯米黏软，呈现晶莹的半透明状，连同脆香的椰肉一起入口，香味极浓，而其特别的卖相也让食客们忍不住拍照、分享。

制作流程：1.糯米洗净，放入盆中浸泡一晚。2.新鲜椰子30个剥掉外皮，在顶端开一个口，倒出椰汁过滤备用；将泡好的糯米（每只椰子约需200克）灌入椰壳至八分满备用。3.椰汁入锅，每500克椰汁需添入浓缩椰浆100克、冰糖40克，开小火煮至冰糖溶化，此时椰汁由清变白，盛出灌入装有糯米的椰壳中至全满。4.椰子入蒸箱大火蒸3小时至糯米膨胀饱满，走菜时取出椰子敲掉最外层的黑壳，留下白色果瓤，一切为八后装盘，带一碟蜂蜜走菜，上桌连米带椰肉一起食用。

椰子饭制作流程图

1.从椰子一头下刀，剥掉外皮

2.先用大刀砍

3.再用小刀划，在顶端开一个口

4.倒出椰汁过滤备用

5.将泡透的糯米舀入椰壳中

6.椰汁加冰糖、椰浆混匀煮沸

7.将混合液灌入椰壳

8.将灌有糯米的椰子入蒸箱大火蒸熟

9.敲掉椰子外层黑壳，留下白色果瓤，改刀即可上桌

枣粑稀饭

制作/薛慧芳

这款枣粑稀饭源自贵州的特色小吃“卢糕粑”，原做法是将糯米粉加水搅成浆后倒入碗中蒸熟，取出后用竹片划成块状，浇入用马蹄粉调成的稀糊，点缀玫瑰、芝麻、桃仁即成。这里用糯米和大米为原料，混合枣泥蒸熟，团成球装入碗中，再浇入调好的藕粉糊，口味更加独特。

批量预制：1.糯米2千克、大米1千克洗净，放入清水浸泡一晚，捞出盛入碗中，加撕碎的红枣300克大火蒸2小时（这样米粒才能充分变软），关火取出米团，放入托盘凉至不烫手，不停摔打10分钟使其更有黏性，放置一旁完全凉凉。2.每50克米团揉成一个球，放在蒸屉上，继续蒸1小时，使米粒更加软糯。

走菜流程：取藕粉30克放入碗中，加热水100克调成糊，放入一个米球，撒葡萄干、鲜花碎、白芝麻点缀即可。

1.糯米、大米、红枣混合蒸熟

2.分成每个50克的小球，继续蒸1小时

竹筒糯米肉

制作/李龙

蒸透的糯米饭定型，切成小块，与红烧肉片间隔摆入竹筒，走菜前再蒸4小时，成菜口感软糯，鲜香、米香交融。

批量预制： 1.圆粒糯米2.5千克浸泡一夜后铺入托盘，隔水蒸制1小时，倒入糯米饭酱汁用勺子搅拌均匀，压实、抹平，凉凉后入冰箱冷藏5小时，糯米饭便可定型，用刀切成厚约1.5厘米的长方片。2.带皮猪五花肉红烧后切成0.4厘米厚的片，与糯米饭间隔摆放在垫有粽叶的竹筒内，裹严保鲜膜待用。

走菜流程： 1.将装有糯米肉的竹筒整齐码放在带眼托盘内，上蒸箱大火蒸4小时。2.取出竹筒，左手用毛巾握住尾端，右手勾起前端保鲜膜，向后撕掉，注意保持糯米肉的形状。3.轻轻揭开粽叶，查看糯米肉的火候是否充足。4.盖上粽叶，表面刷一层色拉油即可上桌。

特点： 软糯、香甜。

制作关键： 糯米肉要蒸足4小时，方能达到拉丝、软糯的效果，但不能反复多次加热，以免糯米肉变形、塌陷、颜色发乌。

调制糯米饭酱汁： 海鲜老抽750克、生抽100克、海鲜酱100克、白糖780克、味精20克、鸡精20克调匀。

技术探讨

Q：两种原料都是熟货，为何要蒸那么久？

A：蒸足4小时是为了使两种原料的香气充分融合，蒸至糯米起黏性、能拉丝最佳。

制作流程图

1.提前烧好的带皮猪五花肉

2.蒸好的糯米饭内拌匀酱汁

3.抹平、压实后入冷藏冰箱

4.糯米饭切块后与肉片间隔装入竹筒

中大创盈专家培训之金牌课程

中大创盈专家培训由《中国大厨》专业传媒倾力打造，是全国知名的小微餐企孵化平台，特邀顶级烹饪大师授课，开设有卤水、羊汤、小龙虾、烧烤、酸菜鱼、水饺、烤鱼、淮南牛肉汤等20多项爆款单品的技术培训，累计开课近3000场次，成功孵化4000多家小微企业，帮助上万名学员走上了开店创业、财务自由的人生新里程，被誉为餐饮创业的“黄埔军校”。

中大创盈所有课程均为一课一师，例如，卤水课程由酱卤专家、中国烹饪大师、河北李记餐饮管理公司董事长李建辉大师主讲；淮南牛肉汤技术培训由淮南26号牛肉汤创始人谢继红大师授课；烤鱼培训由重庆万州烤鱼原创人吴朝珠大师讲授……业内顶尖大师加持、配方全部公开，不卖料包、不加盟，实在技术学到手！创业充电，就选《中国大厨》专家培训品牌——中大创盈！

五步开店实战策略培训

培训内容：1.选址策略，包括定位分析、流量测试等。2.产品设计，手把手教你打造爆款产品。3.厨房设计。4.开业营销方法。5.运营管理，包括客单价、毛收入、净收入、成本、人效等经营数据的计算；经营目标的实现。6.现场问诊。

授课大师：王长亮

小龙虾技术&开店实战培训

培训内容：龙虾的种类、挑选和鉴别；龙虾开背、剪尾；十三香料粉的研磨；盱眙十三香龙虾、北京麻辣小龙虾、武汉油焖大虾、长沙口味虾、冰醉龙虾、苏州周庄咸菜龙虾、南京蒜香龙虾、咖喱龙虾、蜜汁龙虾、咸蛋黄龙虾等菜式的制作；龙虾大批量加工的方法。

授课大师：周庆

金牌课程卤水+熏卤培训

培训内容：香料识别与选料技巧；广式、川式、精武卤水的调制方法；北方熏酱、香卤鸡等爆款产品的制作秘籍；卤水的保存、增香等后期处理；卤菜的制作；牙尖冷吃牛肉、武汉黑鸭的制作。

授课大师：李建辉

室内烧烤&开店实战培训

培训内容：火爆全国的锦州烧烤四种腌制方法（干腌、湿腌、盐水注射及混合腌制）；烧烤所用撒料、酱料、油料的详细配比和制作过程；三种炭火的分类（满炭、半炭、文火炭）和使用方法；羊肉小串、黄金烤鸡爪、锡纸烤海鲜、炭烤鸡翅等十几种爆款烧烤单品；主打招牌炭烤羊腿的制作全过程；室内烧烤店成本控制及运营策略。

授课大师：王长亮

炒饭技术培训

培训内容：手把手教你打造一家坪效超高、用工极省、口味多变的爆款炒饭店！口味超级诱人的鲍汁炒饭、牛肉松炒饭；风靡全国的台湾卤肉饭；保证30秒出餐的高效实用操作流程；提高用户舒适体验的外卖包装设计等。

授课大师：陈文

爆品酸菜鱼技术培训

培训内容：鱼的挑选、鉴别及处理方法；鱼片白、弹、嫩、爽、香的独门腌制上浆手法；各种酱料和复合调料的制备；酸菜鱼、青花椒鱼、番茄鱼、香辣鱼、木桶鱼、冷锅鱼、鲜椒鱼以及首创豆浆回味鱼等十几款旺菜的详细制作流程；主题餐厅、格调小馆以及外卖小门店的选址策略、菜品设计及运营方法。

授课大师：孟波

川味外卖技术培训

培训内容：红油、复制酱油、泡菜（荤+素）、钵钵鸡（红油+藤椒）、口水鸡、夫妻肺片、鱼香腰片、蒜泥白肉的制作；三款冒菜（红汤+青椒+仔姜）的制作；油卤系列的制作；油浸现捞的制作。

授课大师：刘全刚

烤鱼+小面技术培训

培训内容：万州烤鱼的核心技法；香料的选择；八大火爆味型烤鱼（香辣、泡椒、复合蒜香、茄汁水果、西式黑椒汁、新派藤椒大酱、浓郁咖喱、酱香盖浇）的制作流程；专用酱料配方；重庆小面、吴抄手、万州凉面等的制作。

授课大师：吴朝珠

饺子调馅技法&开店体系培训

培训内容：水饺面粉的特性分析；水饺和面方法；猪肉母馅的配方及搅馅、打水方法；牛肉、羊肉、驴肉、鱼肉特色水饺的制作方法；数10款受众广泛的饺子馅料调制全过程；山水画水饺、雨花石水饺、彩色水饺的制作方法；水饺馆的成本控制及推广策略。

授课大师：吕连荣

成都串串开店体系培训

培训内容：串串香底料炒制、锅底兑制流程；荤类食材（胗肝、胗把、青椒牛肉、折耳根牛肉、香菜牛肉等）加工方法；蘸碟、油碟的制作；串串店的定位、选址、装修、人员分工等经营管理知识。

授课大师：谢昌勇

驴肉火烧制作技术培训

培训内容：驴肉及内脏的不同初加工方法；香而不柴的驴肉的煮制、焖制过程；18种香料的特性和详细配比；蔬香料包的配制；比黄金还珍贵的老汤的养护；两种驴肉焖子（精致版和简易版）的操作过程；用打火机一点就着、展开长达3米的火烧的制作方法演示。

授课大师：孙恩佑

南京小吃技术培训

培训内容：小笼汤包、蟹粉汤包、烧卖、包馅饭团、素三鲜蒸饺、鸭血粉丝汤、鸭血千张汤的制作流程；南京小吃开店的选址妙招、经营之道以及外卖营销技巧。

授课大师：杨海涛

微信号：zgdc66666　　网址：www.cycy8...

扫描上方二维码
即可咨询详情

扫描上方二维码
即可打开官方网站

咨询电话：400~698~0188
0531~87180101　18953134866